Berechnung des kontinuierlichen Balkens

mit veränderlichem Trägheitsmoment

auf elastisch drehbaren Pfeilern

sowie

Berechnung des mehrfachen Rahmens

mit geradem Balken

nach der Methode der Fixpunkte

Von

Dr.-Ing. ERNST SUTER

Oberingenieur der Wayss & Freytag A.-G. in Neustadt an der Haardt

BERLIN.

VERLAG VON JULIUS SPRINGER

1916.

ISBN-13: 978-3-642-90457-8   e-ISBN-13: 978-3-642-92314-2
DOI: 10.1007/978-3-642-92314-2

Die Arbeit erschien auszugsweise in der Zeitschrift
„Armierter Beton" 1916, Heft 3 u. ff.

Dem Andenken

an

Professor Dr. W. Ritter

(1847—1906)

gewidmet.

Vorwort.

Durch den immer mehr Verbreitung findenden Eisenbetonbau sind die in diesem Fach tätigen Ingenieure gezwungen, sich mit der Berechnung des kontinuierlichen Balkens in seinen verschiedenen Konstruktionsformen, besonders desjenigen mit veränderlichem Trägheitsmoment auf elastisch drehbaren vertikalen Pfeilern zu befassen.

In der Praxis wird der vertikal belastete kontinuierliche Balken mit veränderlichem Trägheitsmoment auf elastisch drehbaren Pfeilern vielfach als kontinuierlicher Balken mit freier Auflagerung und konstantem Trägheitsmoment berechnet, d. h. unter Vernachlässigung der elastischen Verbindung zwischen Balken und Stütze und der Veränderlichkeit des Trägheitsmomentes. In vielen untergeordneten Fällen ist diese Vernachlässigung berechtigt, weil sie zu Resultaten führt, welche für die Praxis genügend genau sind. Bei wichtigen Konstruktionen jedoch, wie z. B. bei kontinuierlichen Balkenbrücken mit veränderlichem Trägheitsmoment und mit elastischer Einspannung an den Pfeilern ist diese angenäherte Berechnungsweise nur zum Zwecke der Aufstellung von Kostenvoranschlägen anwendbar; die genannte Vernachlässigung führt nämlich zu unrichtiger Verteilung des Konstruktionsmaterials, sodaß die Anwendung der angenäherten Berechnungsweise bei der Aufstellung von Ausführungsplänen nicht mehr zulässig ist und man dann die Berechnung unter Berücksichtigung der elastischen Einspannung des Balkens an den Pfeilern und des veränderlichen Trägheitsmomentes durchführen muß.

Diese genaue Berechnung kann man nun entweder nach den allgemeinen Elastizitätsgleichungen oder nach der Methode der Fixpunkte (Ritter, Anwendungen der graphischen Statik, III. Band) vornehmen. Die Berechnung nach der Methode der Fixpunkte wird in der Praxis wegen des verhältnismäßig geringen Zeitaufwandes und der übersichtlichen Darstellungsweise der Rechnung bevorzugt; bei der Berechnung nach den Elastizitätsgleichungen werden die Schwierigkeiten schon beim kontinuierlichen Rahmen über zwei Öffnungen recht groß und wachsen bei drei und vier Öffnungen infolge der vielen statisch unbestimmten Größen so stark an, daß man in der Praxis nur in seltenen Fällen daran denken kann, ein solches System nach den allgemeinen Elastizitätsgleichungen zu berechnen.

Nun müssen wir aber bei Anwendung der Methode der Fixpunkte zwei Hauptfälle von kontinuierlichen Balken auf elastisch drehbaren Pfeilern unterscheiden, nämlich

A. **Pfeilerköpfe sind horizontal unverschieblich (Brückenkonstruktion mit einem festen Auflager), und**

B. **Pfeilerköpfe sind horizontal verschieblich (Rahmenkonstruktion).**

Bei Hauptfall A wird die Summe der selbst bei vertikaler Balkenbelastung an den Pfeilerköpfen auftretenden Horizontalschübe von dem festen Lager aufgenommen, während dieser Gesamthorizontalschub bei Hauptfall B an der ganzen Konstruktion noch Zusatzmomente hervorruft.

In dem angeführten Ritterschen Werk ist nur der Haupfall A behandelt und dieser wieder nur für vertikale Balkenbelastung und konstantes Trägheitsmoment. Hieran anschließend hat sich der Verfasser nun folgende Aufgabe gestellt:

1. Graphische und rechnerische Bestimmung der Fixpunkte des kontinuierlichen Balkens mit beliebig veränderlichem Trägheitsmoment auf elastisch drehbaren Pfeilern;

2. Berechnung des horizontal unverschieblichen (festgehaltenen) kontinuierlichen Balkens auf elastisch drehbaren Pfeilern (Hauptfall A) nach der Methode der Fixpunkte für alle

vorkommenden Belastungen der Pfeiler (Winddruck, Erddruck, Wasserdruck, Kranlast usw.);

3. Berechnung des horizontal verschieblichen (nicht festgehaltenen) kontinuierlichen Balkens auf elastisch drehbaren Pfeilern (Hauptfall B), d. h. des Rahmens mit geradem Balken über beliebig viele Öffnungen nach der Methode der Fixpunkte für alle vorkommenden Balken- und Pfeilerbelastungen;

Ermittlung der Einflußlinien der inneren Kräfte für den Rahmen mit geradem Balken nach der Methode der Fixpunkte.

Schließlich sei noch hervorgehoben, daß der Verfasser bei der Ableitung aller Verfahren bemüht war, vor allem der Vorstellung durch die geometrische Darstellung der Formänderungen Rechnung zu tragen, womit dem in der Praxis stehenden Ingenieur am besten gedient ist.

Neustadt an der Haardt, im Oktober 1913.

Ernst Suter.

Inhaltsverzeichnis.

Einleitung.

Wir gehen bei der nachfolgend entwickelten Berechnung des kontinuierlichen Balkens von der allgemeinsten Form desselben, nämlich vom kontinuierlichen Balken mit beliebig veränderlichem Trägheitsmoment auf elastisch drehbaren vertikalen Pfeilern aus und leiten aus der Berechnung dieses Trägers noch diejenige der Sonderfälle her. Wir machen dabei folgende Voraussetzungen:

1. Am ganzen Balken ist die Dehnungszahl E, und an allen Säulen oder Pfeilern ist die Dehnungszahl E_s konstant.
2. Der Einfluß der Normalkräfte auf das Rechnungsresultat wird, wie dies bei Rahmenberechnungen üblich ist, in allen Untersuchungen vernachlässigt; aus diesem Grunde können die Pfeilerköpfe (Schnittpunkte der Pfeilerachsen mit der Balkenachse) bei vertikaler Richtung der Pfeiler keine vertikalen, sondern nur noch horizontale Verschiebungen ausführen.

Ferner machen wir folgende Annahme in bezug auf das Vorzeichen der Momente am Balken und an den Pfeilern:

1. Ein Balkenmoment gilt als positiv, wenn es an der unteren, und als negativ, wenn es an der oberen Balkenkante Zugspannungen hervorruft.
2. Das Moment in einem Pfeilerquerschnitt wird als positiv eingeführt, wenn es an der linken, und als negativ, wenn es an der rechten Pfeilerkante Zugspannungen hervorruft.

Wir unterscheiden zwei Hauptfälle und damit auch zwei Berechnungsweisen des kontinuierlichen Balkens auf elastisch drehbaren Pfeilern, nämlich

A. Kontinuierlicher Balken auf elastisch drehbaren vertikalen Pfeilern mit horizontal unverschieblichen (festgehaltenen) Pfeilerköpfen (Brückenkonstruktion mit einem festen Auflager).
B. Kontinuierlicher Balken auf elastisch drehbaren vertikalen Pfeilern mit horizontal verschieblichen (nicht festgehaltenen) Pfeilerköpfen (Rahmenkonstruktion).

Nachstehend soll nun zunächst der wesentliche Unterschied zwischen den Hauptfällen A und B und ihrer Berechnungsweise vorgeführt werden:

Hauptfall A.

Brückenkonstruktion mit einem festen Auflager.

Der Hauptfall A liegt dann vor, wenn der Balken auch nur in einem Punkte festgelagert oder festgehalten ist; irgendwelche äußeren oder inneren horizontalen, in der Balkenachse wirkenden Kräfte werden dann durch den Balken in das feste Lager geleitet, ohne daß der Balken und mithin auch die Pfeilerköpfe horizontale Verschiebungen ausführen.

In Fig. 1 haben wir einen der Hauptklasse A angehörenden kontinuierlichen Balken ABCDE dargestellt mit beliebig veränderlichem Trägheitsmoment über den vier Öffnungen l_1, l_2, l_3, l_4 und auf vier elastisch drehbaren Pfeilern A, B, C, D sowie einer frei drehbaren Stütze E, an welcher der Balken festgehalten ist; es sei nur eine Öffnung, beispielsweise die zweite, mit den beliebigen Kräften P_1, P_2 und P_3 belastet. Zur Darstellung der Momentenfläche über dem ganzen Balken gehen wir von der belasteten Öffnung aus, in welcher bekanntlich an den anstoßenden Stützen B und C negative Balkenmomente, genannt Stützenmomente, auftreten. Setzen wir das Stützenmoment $M_B^r = BB''$ unmittelbar rechts der Stützenvertikalen B und das Stützenmoment $M_C^l = CC''$ unmittelbar links der Stützenvertikalen C vorläufig als bekannt voraus, so ergibt sich die Momentenfläche der belasteten Öffnung aus der Zusammensetzung der positiven Momentenfläche BGC des einfachen Balkens auf zwei Stützen mit dem negativen Trapez BB''C''C.

Beim Überschreiten des Pfeilers B nach links spaltet sich M_B^r in das Balkenmoment M_B^l unmittelbar links von B und in das Moment M_B^k am Kopfe des Pfeilers B. Aus dem Gleichgewicht der Schnittmomente am herausgetrennten Knotenpunkt B (Fig. 2) ergibt sich:

$$M_B^r - M_B^l - M_B^k = 0 \quad \ldots \ldots \ldots (1$$

oder

$$M_B^l = M_B^r - M_B^k \quad \ldots \ldots \ldots (2$$

(absolute Werte).

Daraus folgt, daß M_B^l kleiner ist als M_B^r. Bezeichnen wir mit μ_B^l den Verkleinerungskoeffizienten, mit welchem das Moment M_B^r beim Überschreiten der Stütze B nach links multipliziert werden muß, um daraus M_B^l zu erhalten, so ergibt sich nach Gl. (2)

$$M_B^l = BB' = \mu_B^l \cdot M_B^r \quad \ldots \ldots \quad (3$$

und nach Gl. (1)

$$M_B^k = (1 - \mu_B^l) M_B^r \quad \ldots \ldots \quad (4$$

Bekanntlich hat die Biegelinie wegen der elastischen Einspannung des Balkens an der Stütze A in der Nähe von A einen Wendepunkt W_1, welchem ein Momentennullpunkt und deshalb ein Wechsel im Momentenvorzeichen entspricht.

Ziehen wir demnach in Fig. 1 die Gerade $B'W_1$, welche auf der Vertikalen durch A das positive Stützenmoment $M_A = AA'$ abschneidet, so ist die Momentenfläche der Öffnung AB vollkommen bestimmt.

Durch ähnliche Überlegungen kommen wir zu der Momentenfläche der Öffnung CD:

Beim Überschreiten der Stütze C nach rechts geht das negative Stützenmoment M_C^l sprungweise in das kleinere Stützenmoment gleichen Vorzeichens unmittelbar rechts von C (siehe Fig. 1) über, nämlich

$$M_C^r = CC' = \mu_C^r \cdot M_C^l \quad \ldots \ldots \quad (5$$

während vom Pfeiler C ein am herausgetrennten Knotenpunkt C rechtsdrehendes Pfeilerkopfmoment

$$M_C^k = C'C'' = (1 - \mu_C^r) M_C^l \quad \ldots \ldots \quad (6$$

aufgenommen wird.

Ziehen wir jetzt durch C' und durch den in der Nähe von D gelegenen Wendepunkt W_3 die Schlußlinie $C'W_3$, welche auf der Vertikalen durch D das positive Stützenmoment $M_D^l = DD''$ unmittelbar links von D abschneidet, so ist damit die Momentenfläche der Öffnung CD bestimmt.

Die Momentenfläche in der Öffnung l_4 bedarf keiner Erklärung.

Sind mehrere Öffnungen des kontinuierlichen Balkens belastet, wie z. B. die erste und zweite in Fig. 45, so bestimmt man die Momentenflächen am ganzen Balken für die Belastung in der Öffnung l_1 und für diejenige der Öffnung l_2 getrennt voneinander und addiert darauf die Momentenordinaten unter Berücksichtigung ihres Vorzeichens; in Fig. 45 sind die Schlußlinien der Momentenflächen infolge nacheinander folgender Belastung der beiden Öffnungen l_1 und l_2 gestrichelt eingezeichnet und mit 1 bzw. 2 bezeichnet.

Die Momentenfläche an den lotrechten Pfeilern erhalten wir in folgender Weise:

Wir denken uns einen jeden Pfeiler durch einen unmittelbar unterhalb der Balkenachse geführten Schnitt vom Balken getrennt, mit dem Pfeilerkopfmoment belastet, und am Kopfe zur Sicherung der vorausgesetzten horizontalen Unverschiebbarkeit in einem festen Gelenk gelagert.

Vom Kopfgelenk aus tragen wir ein am herausgetrennten Pfeiler rechts- bezw. linksdrehendes Pfeilerkopfmoment als horizontale Strecke nach links bezw. nach rechts auf und erhalten dann in der Verbindungsgeraden des Endpunktes dieser Strecke mit dem Momentennullpunkt des Pfeilers die Schlußlinie desselben. Ist der Pfeiler in einem Fußgelenk gestützt, so ist das letztere zugleich Momentennullpunkt. Kann der Pfeiler jedoch am Fuße als eingespannt angesehen werden, so liegen die Momentennullpunkte W_A, W_B, W_C, W_D (siehe Fig. 1) zwischen Einspannungsstelle und Kopfgelenk, und zwar in einer Entfernung von letzterem, welche später berechnet wird; die Pfeilerfußmomente $M_A^f, M_B^f, M_C^f, M_D^f$ haben entgegengesetztes Vorzeichen der entsprechenden Pfeilerkopfmomente.

Außer den Momenten sind wegen der elastischen Einspannung des Balkens an den Pfeilern auch Horizontalschübe H vorhanden, welche wir wie folgt ermitteln:

Denken wir uns an jedem Pfeilerkopf einen Schnitt unmittelbar links, rechts und unterhalb desselben geführt und betrachten beispielsweise den in Fig. 5 dargestellten Pfeiler B, so sind am Kopfe desselben die Schnittkräfte V_B^k, M_B^k und H_B^k anzubringen. Wegen der vorausgesetzten horizontalen Unverschiebbarkeit des Pfeilerkopfes B^k können wir daselbst ein frei drehbares Lager annehmen, und der vom Balken auf den Pfeilerkopf übertragene Horizontalschub H_B^k („Reaktion") ergibt sich dann als der Auflagerdruck am Kopfe des unten fest eingespannten, oben frei drehbar gestützten Pfeilers B infolge der Belastung mit dem Moment M_B^k. Der entgegengesetzt gleiche Horizontalschub („Aktion") muß vom Pfeiler auf den Balken übertragen werden. Führen wir ähnliche Betrachtungen auch an den übrigen Pfeilerköpfen A, C und D des in Fig. 1 dargestellten kontinuierlichen Balkens durch und bezeichnen einen nach links gerichteten Horizontalschub als negativ und einen nach rechts gerichteten als positiv, so beträgt nach Fig. 4 der gesamte, von den elastisch drehbaren Pfeilern auf den Balken ausgeübte Horizontalschub („Aktion") infolge der vertikalen Belastung P:

$$\sum H_P^k = - H_A^k + H_B^k - H_C^k + H_D^k \quad \ldots \ldots \quad (7$$

Der Gesamt-Horizontalschub $\sum H_P^k$ wird durch den Balken auf das feste Lager E (Fig. 1) übertragen. Im allgemeinen hat er einen von Null verschiedenen Wert, nur bei symmetrischer Belastung und symmetrisch zu ihrer Mitte ausgebildeter Tragkonstruktion ist er gleich Null.

Aus der vorstehenden Besprechung des Hauptfalles A an Hand des in Fig. 1 dargestellten kontinuierlichen Balkens auf elastisch drehbaren

Pfeilern erkennen wir, daß alle gesuchten Momente und Kräfte sowohl am Balken als auch an den Pfeilern leicht bestimmt werden können, sobald in der belasteten Öffnung die beiden Stützenmomente, an allen Pfeilern die Verkleinerungskoeffizienten μ, und in allen Balkenöffnungen sowie an allen Pfeilern die Wendepunkte W der elastischen Linie ermittelt sind; den letzteren entsprechen ja bekanntlich die Momentennullpunkte in den unbelasteten Balkenöffnungen und an den unbelasteten Pfeilern; diese Wendepunkte haben eine feste, von der Belastung unabhängige Lage und werden daher Festpunkte oder Fixpunkte genannt. Die Fixpunkte bilden die Grundlage aller in dieser Abhandlung vorgeführten Berechnungen des kontinuierlichen Balkens, weshalb der Verfasser in den folgenden Kapiteln sowohl die graphische als auch die rechnerische Bestimmung derselben für alle möglichen Fälle vorgenommen hat; desgleichen wird auch die graphische und rechnerische Bestimmung der Verkleinerungskoeffizienten μ gezeigt. Zur Bestimmung der beiden Stützenmomente in der belasteten Öffnung benützt man die Kreuzlinienabschnitte, welche der Vollständigkeit halber ebenfalls abgeleitet werden. Schließlich hat der Verfasser die Methode der Fixpunkte nicht nur zur Ermittlung der inneren Kräfte für vertikale Balkenbelastung angewandt, sondern auch auf alle vorkommenden Pfeilerbelastungen (Winddruck, Erddruck, Wasserdruck, Kranlast) ausgedehnt.

Hauptfall B.

Rahmenkonstruktion.

Die Rahmenkonstruktion liegt stets dann vor, wenn der Balken kein festes Lager besitzt und sich entweder nur auf elastisch mit ihm verbundene Pfeiler stützt, oder zum Teil auf solchen Pfeilern, zum Teil auf Lagern ruht, welche einer horizontalen Verschiebung des Balkens einen vernachlässigbaren Widerstand entgegensetzen (Rollen-, Pendel- oder Gleitlager); irgendwelche äußeren oder inneren horizontalen Kräfte sind dann imstande, dem Balken und mithin auch den Pfeilerköpfen horizontale Verschiebungen zu erteilen, deren Größe von dem Grad der elastischen Einspannung des Balkens an den Pfeilern abhängt.

Die genaue Berechnung des vorbezeichneten Hauptfalles B konnte bisher nur nach den bei Rahmenberechnungen gebräuchlichen allgemeinen Elastizitätsgleichungen durchgeführt werden; wer jedoch einmal eine solche Berechnung eines Rahmens über zwei und mehr Öffnungen durchgeführt hat, kennt den großen Zeitaufwand und die Schwierigkeiten, welche dabei entstehen. Der Zeitersparnis wegen hat man sich deshalb in der Praxis vielfach damit beholfen, bei vertikaler Balkenbelastung den Hauptfall B nach der Methode der Fixpunkte genau so zu berechnen, wie den Hauptfall A; man begnügte sich eben damit, zu wissen, daß der dadurch begangene Fehler nicht groß sein konnte. Bei Belastung der Pfeiler des Rahmens mit Winddruck, Erddruck, Wasserdruck oder Kranlast blieb jedoch nichts anderes übrig, als die Berechnung nach den Elastizitätsgleichungen durchzuführen, wenn ein zutreffendes Resultat erzielt werden sollte.

Verfasser führt nun in der nachfolgenden Abhandlung eine auf der Methode der Fixpunkte beruhende, übersichtliche, wenig Zeitaufwand erfordernde Berechnungsweise des Rahmens mit horizontalem Balken auf beliebig vielen vertikalen Pfeilern vor, durch welche sowohl bei vertikaler Balkenbelastung als auch bei beliebiger Pfeilerbelastung dasselbe genaue Resultat erzielt wird, wie durch die bedeutend längere Rechnung nach den Elastizitätsgleichungen.

Die Berechnung des Hauptfalles B wird, wie später gezeigt, auf diejenige des Hauptfalles A verbunden mit einer Zusatzberechnung zurückgeführt, wobei letztere die Zusätze liefert, welche zu den Resultaten aus Hauptfall A zu addieren sind, um die genauen inneren Kräfte für den Hauptfall B, wie sie eine Berechnung nach den Elastizitätsgleichungen liefern würde, zu erhalten. Da man also, um den Rahmen (Hauptfall B) nach der Methode der Fixpunkte berechnen zu können, denselben zunächst an den Säulenköpfen festgehalten denkt, d. h. wie einen kontinuierlichen Balken auf elastisch drehbaren, am Kopfe festgehaltenen Pfeilern berechnet, so werden im „Ersten Teil“ der vorliegenden Arbeit alle für diesen Fall benötigten Ableitungen durchgeführt, und darauf wird im „Zweiten Teil“ die Zusatzberechnung gezeigt, welche den Übergang von Hauptfall A zum Hauptfall B vermittelt. Der „Dritte Teil“ enthält Anwendungen der abgeleiteten Resultate auf Beispiele, insbesondere auch die Ermittlung der Einflußlinien der inneren Kräfte.

Es sei jetzt schon darauf hingewiesen, daß außer den von der Belastung unabhängigen Größen (Fixpunkte, usw.) auch alle Momentenordinaten leicht mathematisch genau aus den in den graphischen Konstruktionen enthaltenen Dreiecken berechnet werden können, falls das zeichnerische Verfahren die gewünschte Genauigkeit noch nicht erreichen sollte.

Erster Teil.

Berechnung des kontinuierlichen Balkens auf elastisch drehbaren Pfeilern unter Annahme horizontal unverschieblicher Pfeilerköpfe.

Kapitel I.
Graphische Methode zur Bestimmung der Balkenfixpunkte.

I. Allgemeine Beziehungen und Formeln zur graphischen Ermittlung der Fixpunkte am kontinuierlichen Balken mit beliebig veränderlichem Trägheitsmoment auf elastisch drehbaren Pfeilern.

Der graphischen Ermittlung der Balkenfixpunkte legen wir Fig. 1—15 zugrunde. Bei der Herleitung aller Formeln und Konstruktionen gehen wir von den Formänderungen der elastischen Linie des Balkens aus.

Um zur elastischen Linie oder Biegelinie bei gegebener Belastung des Balkens zu gelangen, betrachten wir nach Mohr die schraffierte, vorläufig als bekannt vorausgesetzte Momentenfläche (Fig. 1) des kontinuierlichen Balkens als Belastungsfläche und zeichnen zu dieser ein Seilpolygon, welches die elastische Linie des Balkens darstellt. Beim Balken mit konstantem Trägheitsmoment T und ebenfalls konstanter Dehnungszahl E ist bekanntlich die unveränderte Momentenfläche als Belastungsfläche, und das Produkt $E \cdot T$ als Polweite des Kräftepolygons zur elastischen Linie einzuführen; beim Balken mit veränderlichem Trägheitsmoment und konstanter Dehnungszahl E zeichnen wir das Kräftepolygon mit der Polweite E und führen als Belastungsfläche die reduzierte Momentenfläche ein, welche wir erhalten, indem wir die Querschnittsmomente M der einfachen Momentenfläche durch die entsprechenden Trägheitsmomente T dividieren, die Werte $\frac{M}{T}$ als Ordinaten auftragen und die Endpunkte derselben durch eine Kurve verbinden; im allgemeinsten Falle führen wir die $\frac{1}{E \cdot T}$ -fache (reduzierte) Momentenfläche als Belastungsfläche ein und zeichnen das Kräftepolygon der elastischen Linie mit der Polweite $H = 1$.

Im vorliegenden Fall handelt es sich nicht um die wirkliche Form der elastischen Linie, sondern es genügt, dieselbe durch einige wenige Tangenten darzustellen; das Seilpolygon, welches diese Tangenten bilden, bezeichnen wir kurz als „elastisches Tangentenpolygon“, und die Tangenten der elastischen Linie an den Stützen als „Stützentangenten“.

Zur Bestimmung des elastischen Tangentenpolygons (Fig. 6) betrachten wir in Fig. 1 die schraffierte Momentenfläche der belasteten Öffnung BC als die Differenz zwischen dem positiven Fünfeck $BGC = F_5$ (in Fig. 1 sind die entsprechenden reduzierten Momentenflächen F_5', usw. eingetragen) und dem negativen Trapez $BB''C''C$, welches wir überdies durch die Diagonalen $B'C$, $B''C$ und $B''C'$ in die vier negativen Momentendreiecke $BB'C = F_3$, $B'B''C = F_4$, $B''CC' = F_7$, $B''C'C'' = F_6$ zerlegen; es ist hervorzuheben, daß die Zerlegung des negativen Trapezes $BB''C''C$ derart erfolgt, daß die Pfeilerkopfmomente $B'B''$ und $C'C''$ die Höhen von zwei besonderen Dreiecken bilden. Ferner betrachten wir in der Öffnung AB die schraffierte Momentenfläche $AA'W_1B'B$, welche ein überschlagenes Viereck bildet, als die Zusammensetzung des positiven Momentendreiecks $AA'B' = F_1$ und des negativen Momentendreiecks $ABB' = F_2$; ebenso betrachten wir das schraffierte überschlagene Momentenviereck $CC'W_3D''D$ der Öffnung CD als die Zusammensetzung des negativen Momentendreiecks $CC'D = F_8$ und des positiven Momentendreiecks $C'DD''$, welches wir noch durch die Diagonale $C'D'$ in die zwei Dreiecke $C'DD' = F_{10}$ und $C'D'D'' = F_9$ teilen.

Zu den auf vorgenannte Weise entstandenen elf Teilmomentenflächen $F_1, \ldots \ldots \ldots, F_{11}$ denken wir uns die $\frac{1}{E \cdot T}$ -fachen, d. h. die entsprechenden reduzierten Momentenflächen $F_1' \ldots F_{11}'$ gebildet und die Inhalte der letzteren in ihren entsprechenden Schwerpunkten zu den in Fig. 1 eingetragenen Einzelkräften $F_1' \ldots F_{11}'$ vereinigt (in Fig. 1 sind die Begrenzungslinien der reduzierten Momentenflächen weggelassen); diese Kräfte tragen wir unter Einführung der positiven Flächen als nach unten und der negativen Flächen als nach oben gerichtete Kräfte in dem mit der Polweite $H = 1$ gezeichneten Kräftepolygon der Fig. 6a zusammen; das zu letzterem in Fig. 6 gezeichnete Seilpolygon ist das gesuchte elastische Tangentenpolygon, welches der Bedingung unterworfen ist, daß jede Stützentangente wegen der vorausgesetzten vertikalen Unverschiebbarkeit der Stützpunkte durch den Schnittpunkt von Balken- und Stützenachse gehen muß. Da nun die Ecken des elastischen Tangentenpolygons nach obigem auf den vertikalen Schwerlinien der reduzierten Momentenflächen (Einzelkräfte) $F_1' \ldots F_{11}'$ liegen, so besteht die nächste Aufgabe darin, die Lage dieser Schwerlinien festzulegen. Von vornherein können wir nur die vertikale Schwerlinie der Fläche F_5' bestimmen, weil wir deren zugeordnete einfache Momentenfläche BGC ohne weiteres zu zeichnen vermögen; die übrigen zehn Schwerlinien, welche Momentendreiecken zugeordnet sind und daher „Drittellinien" genannt werden (obwohl dieselben bei dem vorliegenden allgemeinen Fall nicht im Drittel der Öffnung liegen), können wir wie folgt ermitteln, auch ohne die Stützenhöhen dieser Momentendreiecke, d. h. ohne die Stützenmomente zu kennen.

1. Drittellinien:

Bezeichnen wir mit d^l den Abstand der linken Drittellinie einer Öffnung vom linken Auflager, und mit d^r den Abstand der rechten Drittellinie vom rechten Auflager dieser Öffnung, ferner mit einem angehängten Zeiger $1 \ldots 4$ die Ordnungszahl der Öffnung, so erhalten wir beispielsweise den Abstand d_1^l der linken Drittellinie in der ersten Öffnung, d. h. den Schwerpunktsabstand d_1^l der $\frac{1}{E \cdot T}$-fachen (reduzierten) Momentenfläche F_1' vom linken Auflager A aus dem Dreieck $A_5 A_5' B_5$ (Fig. 8) mit der Stützweite l_1 als Grundlinie und der beliebigen Stützenhöhe h in A, wie folgt:

a) Analytisch.

Es sei (Fig. 8) $A_5 A_5'' G B_5$ die dem Momentendreieck $A_5 A_5' B_5$ entsprechende $\frac{1}{E \cdot T}$-fache (reduzierte) Momentenfläche. Wir teilen dieselbe in schmale vertikale Streifen mit der Breite $\varDelta s$ und dem Schwerpunktsabstand z von der rechten Stütze der Öffnung l_1; der Inhalt $\varDelta F$ eines solchen, in Fig. 8 durch Schraffur hervorgehobenen Flächenstreifens („elastisches Gewicht") beträgt:

$$\varDelta F = \frac{\varDelta s \cdot h \cdot z}{E \cdot T \cdot l_1} \quad \ldots \ldots \quad (8$$

Nach der Schwerpunktslehre erhält man dann aus dem Moment aller Flächenstreifen in bezug auf die Vertikale durch A:

$$d_1^l = \frac{\sum\limits_0^{l_1} \varDelta F \cdot (l_1 - z)}{\sum\limits_0^{l_1} \varDelta F} = \frac{\sum\limits_0^{l_1} \frac{\varDelta s \cdot h \cdot z}{E \cdot T \cdot l_1} \cdot (l_1 - z)}{\sum\limits_0^{l_1} \frac{\varDelta s \cdot h \cdot z}{E \cdot T \cdot l_1}}$$

$$= \frac{\sum\limits_0^{l_1} \frac{\varDelta s}{T} \cdot z \cdot (l_1 - z)}{\sum\limits_0^{l_1} \frac{\varDelta s}{T} \cdot z} = l_1 - \frac{\sum\limits_0^{l_1} \frac{\varDelta s}{T} \cdot z^2}{\sum\limits_0^{l_1} \frac{\varDelta s}{T} \cdot z} \quad \ldots \quad (9$$

b) Graphisch.

Trägt man die Kräfte $\varDelta F$ aus Gl. (8) mittels Kräfte- und Seilpolygon mit beliebiger Polweite und in beliebigem Kräftemaßstab zusammen (Fig. 8 und 8a), so erhält man die linke Drittellinie der Öffnung l_1 als Schwerlinie dieser Kräfte; da es hierbei nicht auf die wirkliche Größe der durch Gl. (8) ausgedrückten Kräfte $\varDelta F$, sondern nur auf ihr gegenseitiges Verhältnis ankommt, so trägt man diese Kräfte $\varDelta F$ in der einfacheren Form

$$\varDelta F = \frac{\varDelta s}{T} \cdot z$$

auf (da h, E und l_1 konstant).

Den Abstand d_1^r der rechten Drittellinie der ersten Öffnung (lotrechte Schwerlinie der reduzierten Momentenfläche F_2') vom rechten Auflager B erhalten wir aus dem Momentendreieck $A_6 B_6 B_6'$ (Fig. 11) mit der Grundlinie l_1 und der beliebigen Stützenhöhe h in B auf analoge Weise.

a) Analytisch.

Es sei (Fig. 11) $A_6 H B_6'' B_6$ die dem Momentendreieck $A_6 B_6 B_6'$ zugeordnete $\frac{1}{E \cdot T}$-fache (reduzierte) Momentenfläche. Wir teilen dieselbe wieder in schmale vertikale Streifen mit der Breite $\varDelta s$ und dem Schwerpunktsabstand z vom rechten Auflager der Öffnung l_1; der Inhalt $\varDelta F$ eines solchen, in Fig. 11 schraffierten Flächenstreifens beträgt:

$$\varDelta F = \frac{\varDelta s \cdot h \cdot (l_1 - z)}{E \cdot T \cdot l_1} \quad \ldots \ldots \quad (10$$

Nach der Schwerpunktslehre erhält man aus dem Moment aller Flächenstreifen in bezug auf die Vertikale durch B

$$d_1^r = \frac{\sum\limits_0^{l_1} \varDelta F \cdot z}{\sum\limits_0^{l_1} \varDelta F} = \frac{\sum\limits_0^{l_1} \frac{\varDelta s \cdot h \cdot (l_1 - z) \cdot z}{E \cdot T \cdot l_1}}{\sum\limits_0^{l_1} \frac{\varDelta s \cdot h \cdot (l_1 - z)}{E \cdot T \cdot l_1}}$$

$$= \frac{\sum\limits_0^{l_1} \frac{\varDelta s}{T} \cdot (l_1 - z) \cdot z}{\sum\limits_0^{l_1} \frac{\varDelta s}{T} \cdot (l_1 - z)} = \frac{l_1 \cdot \sum\limits_0^{l_1} \frac{\varDelta s}{T} \cdot z - \sum\limits_0^{l_1} \frac{\varDelta s}{T} \cdot z^2}{l_1 \cdot \sum\limits_0^{l_1} \frac{\varDelta s}{T} - \sum\limits_0^{l_1} \frac{\varDelta s}{T} \cdot z} \quad (11$$

b) Graphisch.

Trägt man die Kräfte $\varDelta F$ aus Gl. (10) mittels Kräfte- und Seilpolygon mit beliebiger Polweite und in beliebigem Kräftemaßstab zusammen (Fig. 11 und 11a), so erhält man die rechte Drittellinie der Öffnung l_1 als Schwerlinie dieser Kräfte;

da es hierbei nicht auf die wirkliche Größe der durch Gl. (10) ausgedrückten Kräfte $\varDelta F$, sondern nur auf ihr gegenseitiges Verhältnis ankommt, so trägt man diese Kräfte $\varDelta F$ in der einfacheren Form:

$$\varDelta F = \frac{\varDelta s}{T}(l_1 - z) = \frac{\varDelta s}{T} \cdot l_1 - \frac{\varDelta s}{T} \cdot z \qquad \text{auf.}$$

folgt weiter, daß die beiden Drittellinien einer Öffnung **unabhängig sind von den wirklichen Stützenmomenten, und also auch von der Belastung, und nur abhängig von den** Querschnittsabmessungen und der Stützweite dieser Öffnung.

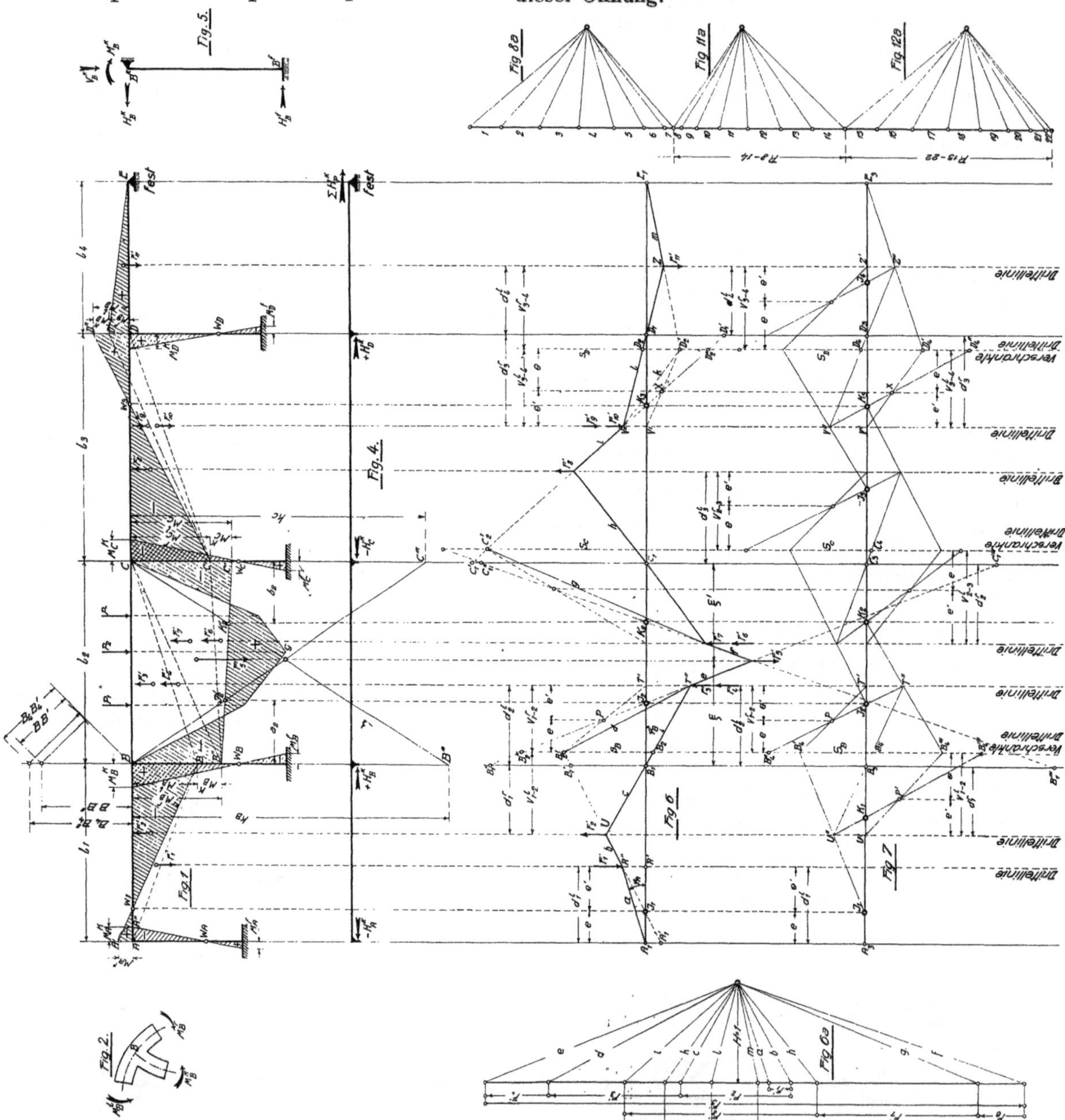

In den übrigen Öffnungen bestimmen wir die Drittellinien ähnlich wie vor.

Da aus den Gl. (9) u. (11) das Stützenmoment h ausgeschieden ist, so war es richtig, der Bestimmung der Drittellinien ein Dreieck mit beliebiger Stützenhöhe zugrunde zu legen, und es

2. Verschränkte Drittellinien.

Wir betrachten jetzt in Fig. 1 die beiden an der Stütze B zusammenstoßenden Momentendreiecke ABB′ und BB′C mit der gemeinschaftlichen Höhe BB′ und den beiden zugeordneten reduzierten Momentenflächen F_2' und F_3'. Die lotrechte Schwelinie S_B der gemeinsamen $\dfrac{1}{E \cdot T}$-fachen (reduzierten) Momentenfläche (Fig. 11 u. 12) geht in der Nähe von B durch den Schnittpunkt B_2' der die Kräfte F_2' und F_3' in Fig. 6 einschlie-

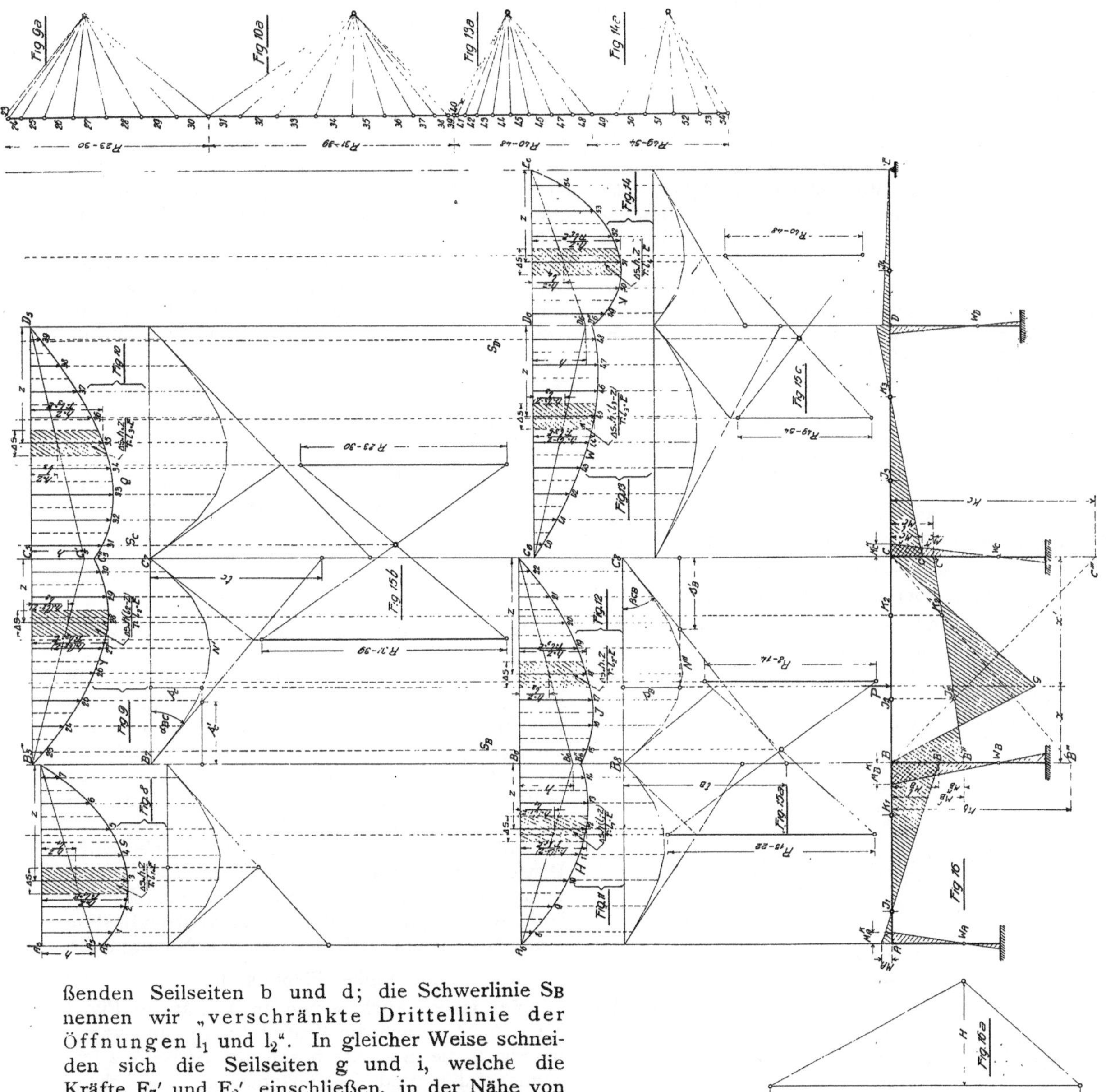

a) Analytisch.

Wir bezeichnen (Fig. 6) den Abstand der den Öffnungen l_1 und l_2 zugeordneten verschränkten Drittellinie S_B von der nächsten links gelegenen Drittellinie (rechte Drittellinie der ersten Öffnung)

ßenden Seilseiten b und d; die Schwerlinie S_B nennen wir „verschränkte Drittellinie der Öffnungen l_1 und l_2". In gleicher Weise schneiden sich die Seilseiten g und i, welche die Kräfte F_7' und F_8' einschließen, in der Nähe von C auf der „verschränkten Drittellinie S_C der Öffnungen l_2 und l_3", und die die Kräfte F_{10}' und F_{11}' einschließenden Seilseiten k und m auf der „verschränkten Drittellinie S_D der Öffnungen l_3 und l_4".

Um beispielsweise die Lage von S_B zu bestimmen, verfahren wir in folgender Weise:

mit v_{1-2}^l, und den Abstand derselben von der nächsten rechts gelegenen Drittellinie (linke Drittellinie der zweiten Öffnung) mit v_{1-2}^r. Nach der Schwerpunktslehre erhalten wir v_{1-2}^l bezw. v_{1-2}^r aus dem statischen Moment der Kräfte F_2'

und F_3' in bezug auf die Richtung von F_2' bezw.
auf die Richtung von F_3':

$$v^l_{1-2} = \frac{F_3'}{F_2' + F_3'} \cdot \left(d_1^r + d_2^l\right) \quad \ldots \ldots \text{(12}$$

$$v^r_{1-2} = \frac{F_2'}{F_2' + F_3'} \cdot \left(d_1^r + d_2^l\right) \quad \ldots \ldots \text{(13}$$

In den Gl. (12) u. (13) ersetzen wir die dem
wirklichen Momentendreieck AB'C (Fig. 1) entsprechende reduzierte Momentenfläche $F_2' + F_3'$
durch die aus dem Momentendreieck $A_6 B_6' C_6$ (Fig.
11 u. 12) mit der beliebigen Stützenhöhe h hergeleitete reduzierte Momentenfläche $A_6 H B_6'' J C_6$;
ebenso ersetzen wir die reduzierte Momentenfläche F_2' durch die aus dem Momentendreieck
$A_6 B_6 B_6'$ (Fig. 11) hergeleitete reduzierte Momentenfläche $A_6 H B_6'' B_6$, und die reduzierte Momentenfläche F_3' durch die aus dem Momentendreieck
$B_6 B_6' C_6$ (Fig. 12) hergeleitete reduzierte Momentenfläche $B_6 B_6'' J C_6$. Durch diese Vertauschung än-
dern die Verhältnisse

$$\frac{F_3'}{F_2' + F_3'} \quad \text{und} \quad \frac{F_2'}{F_2' + F_3'}$$

der Gl. (12) u. (13) ihren Wert nicht; denn aus
den späteren Gl. (14) u. (15) scheidet das Stützenmoment h aus, wodurch ausgedrückt ist, daß
v^l_{1-2} und v^r_{1-2} vom Stützenmoment in B unabhängig sind, und daß daher das unbekannte,
wirkliche Stützenmoment BB' (Fig. 1) durch ein
beliebig anderes (hier h) ersetzt werden durfte.
Mit Einführung der in Fig. 11 u. 12 eingetragenen
Werte in die Gl. (12) u. (13) erhalten wir dann:

$$v^l_{1-2} = \frac{\displaystyle\sum_0^{l_2} \frac{\varDelta s \cdot h \cdot z}{E \cdot T \cdot l_2}}{\displaystyle\sum_0^{l_1} \frac{\varDelta s \cdot h \cdot (l_1 - z)}{E \cdot T \cdot l_1} + \sum_0^{l_2} \frac{\varDelta s \cdot h \cdot z}{E \cdot T \cdot l_2}} \left(d_1^r + d_2^l\right) \qquad \text{(14}$$

$$= \frac{\displaystyle\frac{1}{l_2} \sum_0^{l_2} \frac{\varDelta s}{T} \cdot z}{\displaystyle\sum_0^{l_1} \frac{\varDelta s}{T} - \frac{1}{l_1} \sum_0^{l_1} \frac{\varDelta s}{T} \cdot z + \frac{1}{l_2} \sum_0^{l_2} \frac{\varDelta s}{T} \cdot z} \cdot \left(d_1^r + d_2^l\right)$$

$$v^r_{1-2} = \frac{\displaystyle\sum_0^{l_1} \frac{\varDelta s \cdot h \cdot (l_1 - z)}{E \cdot T \cdot l_1}}{\displaystyle\sum_0^{l_1} \frac{\varDelta s \cdot h \cdot (l_1 - z)}{E \cdot T \cdot l_1} + \sum_0^{l_2} \frac{\varDelta s \cdot h \cdot z}{E \cdot T \cdot l_2}} \cdot \left(d_1^r + d_2^l\right) \qquad \text{(15}$$

$$= \frac{\displaystyle\sum_0^{l_1} \frac{\varDelta s}{T} - \frac{1}{l_1} \sum_0^{l_1} \frac{\varDelta s}{T} \cdot z}{\displaystyle\sum_0^{l_1} \frac{\varDelta s}{T} - \frac{1}{l_1} \sum_0^{l_1} \frac{\varDelta s}{T} \cdot z + \frac{1}{l_2} \sum_0^{l_2} \frac{\varDelta s}{T} \cdot z} \cdot \left(d_1^r + d_2^l\right)$$

b) Graphisch.

Graphisch erhält man die Lage der verschränkten Drittellinie S_B, indem man die Schwerlinie der beiden reduzierten Momentenflächen
$A_6 H B_6'' B_6$ und $B_6 B_6'' J C_6$ bestimmt. Dies erfolgt am
einfachsten dadurch, daß man nach dem Satz von
der Zusammensetzung zweier paralleler Kräfte
(siehe Fig. 15a) die in der rechten Drittellinie der
ersten Öffnung wirkende Resultante R_{8-14} der
Kräfte $\varDelta F_{8-14}$ auf der linken Drittellinie der
zweiten Öffnung und die in der linken Drittellinie
der zweiten Öffnung wirkende Resultante R_{15-22}
der Kräfte $\varDelta F_{15-22}$ auf der rechten Drittellinie
der ersten Öffnung im gleichen Kräftemaßstab
aufträgt und die Endpunkte der beiden Resul-
tanten kreuzweise verbindet; es ist nach Fig. 11 u. 12
(da man die gemeinsamen konstanten Größen E und
h streichen kann):

$$R_{8-14} = \sum_0^{l_1} \frac{\varDelta s}{T} - \frac{1}{l_1} \sum_0^{l_1} \frac{\varDelta s}{T} \cdot z, \qquad \text{und}$$

$$R_{15-22} = \frac{1}{l_2} \cdot \sum_0^{l_2} \frac{\varDelta s}{T} \cdot z.$$

Die verschränkte Drittellinie in der Nähe von
C bezw. D erhält man in ähnlicher Weise.

Aus den Gl. (14) und (15), aus welchen die
Stützenhöhe h ausgeschieden ist, folgt, daß die
verschränkte Drittellinie in der Nähe einer Stütze
nur abhängig ist von den Stützweiten und den
Querschnitten der beiden an die betreffende
Stütze anschließenden Öffnungen und nicht abhängig von deren Belastungen.

Mit Hilfe der Drittellinien und verschränkten
Drittellinien leiten wir nun das Verfahren zur Bestimmung der Fixpunkte ab, und zwar zunächst der
linken Fixpunkte J. Wir beginnen mit der Bestimmung des Fixpunktes J_1 in der ersten Öffnung links.

3. Linker Fixpunkt J_1:

Bei freier Auflagerung in A wäre in Fig. 1
$M_A = 0$, also auch die Kraft $F_1' = 0$; dann würde
in Fig. 6 die Seilseite b mit der Seilseite a zusammenfallen und die Balkenachse in A_1 schneiden. Ist der Balken jedoch in A eingespannt, wie
im vorliegenden Fall, so hat das Tangentenpolygon
wegen der vorhandenen Kraft F_1' einen Knick in
R'' und die innere Seilseite b schneidet die Balkenachse in einem Punkt J_1, welcher die feste
Strecke d_1^l in die zwei Strecken e und e' teilt,
welche wie folgt bestimmt werden.

Im überschlagenen Viereck $A_1A_1'J_1R''R'$ (Fig. 6) besteht:

$$\frac{e}{e'} = \frac{A_1A_1'}{R'R''} \quad \ldots \ldots \ldots (16$$

worin A_1A_1' den Abschnitt der die Kraft F_1' einschließenden Seilseiten a und b auf der linken Stützenvertikalen bedeutet. Nach dem Satz vom statischen Moment paralleler Kräfte ist das Produkt der Strecke A_1A_1' mit der Polweite $H = 1$ gleich dem statischen Moment der Kraft F_1' in bezug auf die Senkrechte durch A, d. h.

$$A_1A_1' = F_1' \cdot d_1^l \quad \ldots \ldots \ldots (17$$

Setzen wir noch

$$F_1' = k \cdot F_1 \quad \ldots \ldots \ldots (18$$

worin

$$F_1 = \text{Momentendreieck } AA'B' = M_A^k \cdot \frac{l_1}{2} \quad . \ (19$$

(da $M_A^r = M_A^k$), so liefert Gl. (17):

$$A_1A_1' = k \cdot \frac{M_A^k \cdot l_1 \cdot d_1^l}{2} \quad \ldots \ldots (20$$

Andererseits ist im Dreieck $A_1R'R''$ (Fig. 6)

$$R'R'' = \text{tg } \varphi_A \cdot d_1^l \quad \ldots \ldots \ldots (21$$

Da der Winkel φ_A zwischen der **Stützentangente** (Seilseite a) und der Balkenachse sehr klein ist, kann die trigonometrische Tangente mit dem Winkel vertauscht werden, so daß

$$R'R'' = \varphi_A \cdot d_1^l \quad \ldots \ldots \ldots (22$$

Die horizontale Balkenachse und die vertikale Pfeilerachse beschreiben denselben Drehwinkel φ_A in A, den wir nachfolgend bestimmen wollen.

Wir denken uns zu dem Zweck den linken Pfeiler durch einen Schnitt unmittelbar unterhalb A vom Balken getrennt, mit dem Schnittmoment M_A^k belastet, und den Pfeilerkopf zur Sicherung der vorausgesetzten horizontalen Unverschiebbarkeit gelenkartig gelagert.

Es sei weiter τ_A^k der Drehwinkel des Pfeilerkopfes durch ein Moment $M_A^k = 1$; dann beträgt der durch M_A^k bewirkte Drehwinkel:

$$\varphi_A = M_A^k \cdot \tau_A^k \quad \ldots \ldots \ldots (23$$

Diesen Wert in Gl. (22) eingesetzt gibt

$$R'R'' = M_A^k \cdot \tau_A^k \cdot d_1^l \quad \ldots \ldots \ldots (24$$

Die Division von Gl. (20) durch Gl. (24) ergibt nun:

$$\frac{A_1A_1'}{R'R''} = k \cdot \frac{M_A^k \cdot l_1 \cdot d_1^l}{2 \cdot M_A^k \cdot \tau_A^k \cdot d_1^l} = k \cdot \frac{l_1}{2 \cdot \tau_A^k} \quad . \ (25$$

Und aus Gl. (16) und (25) folgt schließlich

$$\frac{e}{e'} = k \cdot \frac{l_1}{2 \cdot \tau_A^k} \quad \ldots \ldots (26$$

worin noch k und τ_A^k zu bestimmen sind.

4. Verhältniswert k.

Nach Gl. (18) ist

$$k = \frac{F_1'}{F_1} \quad \ldots \ldots \ldots (27$$

Wie aus der folgenden Formel (29) hervorgeht, stehen das unbekannte Momentendreieck $F_1 = AA'B'$ und die zugeordnete reduzierte Momentenfläche F_1' in demselben Verhältnis zueinander wie das beliebige Dreieck $A_5A_5'B_5$ (Fig. 8) und die entsprechende reduzierte Momentenfläche $A_5A_5''GB_5$; daher ist

$$k = \frac{\text{Fläche } A_5A_5''GB_5}{\text{Fläche } A_5A_5'B_5} \quad \ldots \ldots (28$$

Diesen Wert ermitteln wir entweder graphisch durch Planimetrierung der beiden Flächen oder analytisch aus

$$k = \frac{A_5A_5''GB_5}{A_5A_5'B_5} = \frac{\displaystyle\sum_0^{l_1} \frac{\varDelta s \cdot h \cdot z}{E \cdot T \cdot l_1}}{\dfrac{h \cdot l_1}{2}} \left.\vphantom{\sum_0^{l_1}}\right\} \quad (29$$

$$= \frac{2 \cdot \displaystyle\sum_0^{l_1} \frac{\varDelta s}{T} \cdot z}{E \cdot l_1^2}$$

Aus der Formel (29) ist das Stützenmoment h ausgeschieden, d. h. der Wert k ist unabhängig von der wirklichen Größe des Stützenmomentes AA', und es war also richtig, k aus einem Dreieck mit beliebiger Höhe zu bestimmen.

5. Drehwinkel τ^k.

Die Bestimmung der Drehwinkel τ^k erfolgt, besonders weil wir im folgenden auch Pfeiler mit beliebig veränderlichem Trägheitsmoment betrachten, am übersichtlichsten mit Hilfe der Mohrschen Sätze, welche lauten:

Satz I: Die **Durchbiegung** in **einem Punkte** C **eines** an **einem Ende eingespannten, frei auskragenden Balkens** ist **gleich dem statischen Moment der zwischen der Einspannungsstelle und dem** Punkte C gelegenen $\frac{1}{E \cdot T}$ fachen (reduzierten) Momentenfläche in bezug auf den Punkt C.

Satz II: Die Achsendrehung in einem Punkte C eines an einem Ende eingespannten, frei auskragenden Balkens ist gleich dem Inhalt der zwischen der Einspannungsstelle und dem Punkte C gelegenen $\frac{1}{E \cdot T}$ fachen (reduzierten) Momentenfläche.

Satz III: Die Durchbiegung in einem Punkte C eines Balkens auf zwei Stützen ist gleich dem Balkenmoment in diesem Punkt des mit seiner $\frac{1}{E \cdot T}$ fachen (reduzierten) Momentenfläche belasteten Balkens.

Satz IV: Die Achsendrehung in einem Punkte C eines Balkens auf zwei Stützen ist gleich der Balkenquerkraft in diesem Punkt des mit seiner $\frac{1}{E \cdot T}$ fachen (reduzierten) Momentenfläche belasteten Balkens.

Drehung γ_m durch $M^k = 1$ wie folgt ausdrücken:

$$\gamma_m = \frac{h}{E_s \cdot T_s} \quad \cdots \cdots \cdots (31$$

$(E_s = \text{Dehnungszahl der Säule})$

und nach Fig. 17b die Drehung γ_h durch die Horizontalkraft $H = 1$

$$\gamma_h = \frac{h \cdot f + \dfrac{h^2}{2}}{E_s \cdot T_s} = \frac{h^2 + 2 \cdot f \cdot h}{2 \cdot E_s \cdot T_s} \quad \cdot \cdot (32$$

Die Werte für die Winkel γ_m und γ_h aus Gl. (31) und (32) in Gl. (30) eingesetzt, gibt

$$\tau^k = \frac{h}{E_s \cdot T_s} - H_m' \cdot \frac{h^2 + 2 \cdot f \cdot h}{2 \cdot E_s \cdot T_s} \quad \cdot \cdot (33$$

worin H_m' noch unbekannt ist und wie folgt bestimmt wird:

Wir bezeichnen mit v_m die horizontale Verschiebung des freien Säulenkopfes durch $M^k = 1$, ferner mit v_h die Verschiebung durch die horizon-

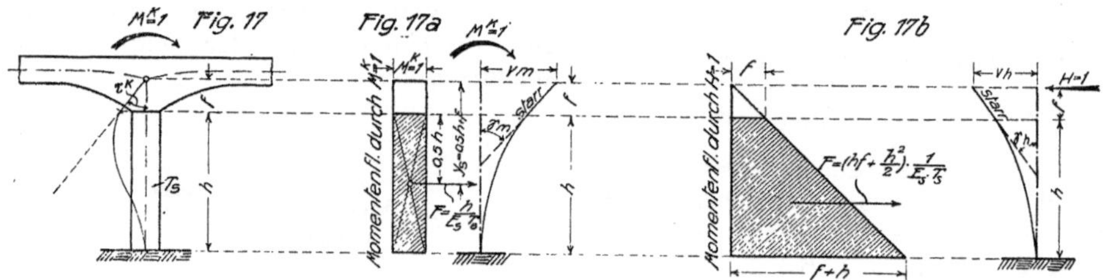

Mit Hilfe der vorgenannten Sätze ermitteln wir jetzt den Ausdruck für die Achsendrehung τ^k; diese Ableitung wird ausführlich gehalten, weil in derselben Ausdrücke vorkommen, die später gebraucht werden.

Fall I:

Der Pfeiler ist am Fusse eingespannt und am Kopfe gelenkartig gelagert, wobei das Trägheitsmoment T_s nach Fig. 17 auf der Strecke h konstant und auf der Strecke f sehr gross ist.

Wir denken uns die gelenkartige Lagerung des Pfeilerkopfes entfernt und bringen an deren Stelle den horizontalen Auflagerdruck H_m' an, welchen die Belastung $M^k = 1$ daselbst bewirkt. Das obere, frei auskragende Ende der unten eingespannten Säule werde durch $M^k = 1$ um den Winkel γ_m, und durch die Horizontalkraft $H = 1$ um den Winkel γ_h verdreht (Fig. 17a u. 17b); dann ist die Achsendrehung τ^k gleich der Summe der Teilwinkel γ_m und $\gamma_h \cdot H_m'$. Führen wir dabei eine Rechtsdrehung als positiv ein, so ist also

$$\tau^k = \gamma_m - \gamma_h \cdot H_m' \quad \cdots \cdots (30$$

Darin können wir nach Satz II und Fig. 17a die

tale Kraft $H = 1$, und daher mit $H_m' \cdot v_h$ die Verschiebung durch H_m'. Den noch unbekannten Auflagerdruck H_m' der Gl. (33) erhalten wir dann aus der Bedingung, daß wegen der vorausgesetzten horizontalen Unverschiebbarkeit des Säulenkopfes sein muß

$$v_m - H_m' \cdot v_h = 0 \quad \cdots \cdots (34$$

woraus

$$H_m' = \frac{v_m}{v_h} \quad \cdots \cdots (35$$

Die Verschiebungen v_m und v_h ermitteln wir nun nach Satz I wie folgt:

a) Nach Fig. 17a beträgt das statische Moment der $\frac{1}{E_s \cdot T_s}$ fachen Momentenfläche in bezug auf den Säulenkopf:

$$v_m = \frac{1}{E_s \cdot T_s} \left(h \cdot f + \frac{h^2}{2} \right) = \frac{h^2 + 2 \cdot h \cdot f}{2 \cdot E_s \cdot T_s} \quad (36$$

b) Nach Fig. 17b beträgt das statische Moment der $\frac{1}{E_s \cdot T_s}$ fachen Momentenfläche in bezug auf den Säulenkopf:

$$v_h = \frac{1}{E_s \cdot T_s} \left\{ h \cdot f \left(\frac{h}{2} + f \right) + \frac{h^2}{2} \left(\frac{2}{3} h + f \right) \right\} \quad (37$$

oder

$$v_h = \frac{h \cdot (h^2 + 3 \cdot h \cdot f + 3 \cdot f^2)}{3 \cdot E_s \cdot T_s} \quad \ldots \quad (39$$

Mit den Werten von v_m und v_h aus Gl. (36) und (39) folgt jetzt nach Gl. (35):

$$H_m' = \frac{3 \cdot h + 6 \cdot f}{2 \cdot h^2 + 6 \cdot h \cdot f + 6 \cdot f^2} \quad \ldots \quad (40$$

Durch Einsetzen des Wertes von H_m' in Gl. (33) ergibt sich schließlich der gesuchte Drehwinkel τ^k zu

$$\tau^k = \frac{h^3}{(4 \cdot h^2 + 12 \cdot h \cdot f + 12 \cdot f^2) E_s \cdot T_s} \quad \cdot \quad (41$$

Sonderfall: Bei Mittelpfeilern mit verhältnismäßig großer Höhe h, oder bei großem Pfeilerträgheitsmoment T_s und niedrigem Balken (kleinem Balkenträgheitsmoment), sowie stets bei Endpfeilern kann man $f = 0$ und h gleich der Entfernung zwischen der Einspannungsstelle und dem Schnittpunkt von Balken- und Säulenachse setzen.

Mit $f = 0$ folgt dann aus Gl. (41)

$$\tau^k = \frac{h}{4 \cdot E_s \cdot T_s} \quad \ldots \ldots \quad (42$$

Fall II.

Der Pfeiler ist am Fusse eingespannt und am Kopfe gelenkartig gelagert, wobei das Trägheitsmoment T_s nach Fig. 18 auf der Strecke h veränderlich und auf der Strecke f sehr gross ist.

Die Achsendrehung τ^k des am Fuße eingespannten, am Kopfe gelenkartig gelagerten und mit einem Kopfmoment $M^k = 1$ belasteten Pfeilers erhält man wieder aus Gl. (30), in welcher die Drehung γ_m des unten eingespannten, oben frei auskragenden und mit $M^k = 1$ belasteten Pfeilers sich nach Satz II und Fig. 18a ergibt zu

$$\gamma_m = \frac{1}{E_s} \cdot \sum_0^h \frac{\Delta s}{T_s} \quad \ldots \ldots \quad (43$$

und die Drehung γ_h des mit dem horizontalen Auflagerdruck $H = 1$ belasteten Pfeilerkopfes nach Fig. 18b zu

$$\gamma_h = \frac{1}{E_s} \cdot \sum_0^h \frac{\Delta s}{T_s} \cdot (f + y) \quad \ldots \ldots \quad (44$$

Ferner ist der in Gl. (30) vorkommende Horizontalschub H_m' wie früher aus Gl. (35) zu ermitteln, in welcher die horizontale Verschiebung v_m des mit $M^k = 1$ belasteten freistehenden Pfeilerkopfes sich nach Satz I und Fig. 18a ergibt zu

$$v_m = \frac{1}{E_s} \cdot \sum_0^h \frac{\Delta s}{T_s} \cdot (f + y) \quad \ldots \ldots \quad (45$$

und die Verschiebung v_h des mit $H = 1$ belasteten Pfeilerkopfes nach Fig. 18b zu

$$v_h = \frac{1}{E_s} \cdot \sum_0^h \frac{\Delta s}{T_s} \cdot (f + y)^2 \quad \ldots \ldots \quad (46$$

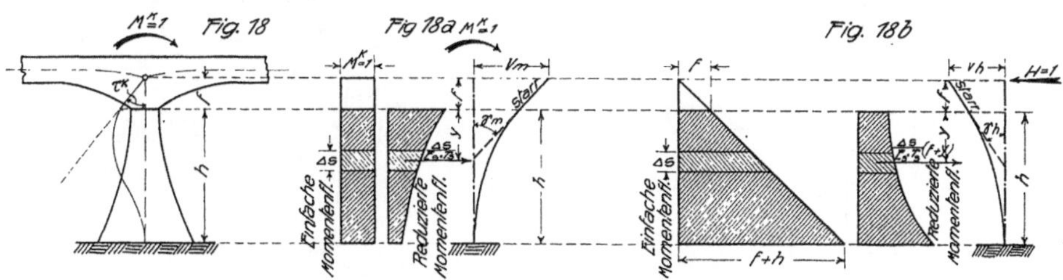

Nach Gl. (35) ist

$$H_m' = \frac{v_m}{v_h} \quad \ldots \ldots \ldots \quad (47$$

also

$$H_m' = \frac{\displaystyle\sum_0^h \frac{\Delta s}{T_s} \cdot (f + y)}{\displaystyle\sum_0^h \frac{\Delta s}{T_s} \cdot (f + y)^2} \quad \ldots \ldots \quad (48$$

Durch Einsetzen der Werte γ_m, γ_h und H_m' aus den Gl. (43), (44) u. (48) in Gl. (30) folgt schließlich:

$$\tau^k = \frac{1}{E_s} \cdot \left\{ \sum_0^h \frac{\Delta s}{T_s} - \frac{\left[\displaystyle\sum_0^h \frac{\Delta s}{T_s} (f + y) \right]^2}{\displaystyle\sum_0^h \frac{\Delta s}{T_s} \cdot (f + y)^2} \right\} \quad (49$$

Sonderfall: Bei Mittelpfeilern mit verhältnismäßig großer Höhe h, oder bei großem Pfeilerträgheitsmoment T_s und niedrigem Balken (kleinem

Balkenträgheitsmoment), sowie stets bei Endpfeilern kann man $f = 0$ und h gleich der Entfernung zwischen Pfeilerfuß und Kopfgelenk setzen; dann folgt aus Gl. (49) mit $f = 0$:

$$\tau^k = \frac{1}{E_s} \cdot \left\{ \sum_0^h \frac{\varDelta s}{T_s} - \frac{\left(\sum_0^h \frac{\varDelta s}{T_s} \cdot y \right)^2}{\sum_0^h \frac{\varDelta s}{T_s} \cdot y^2} \right\} \quad \text{. . (50}$$

Fall III:

Der Pfeiler ist am Fusse und am Kopfe gelenkartig gelagert, wobei das Trägheitsmoment T_s nach Fig. 19 auf der Strecke h konstant und auf der Strecke f sehr gross ist.

Nach Fig. 19 beträgt der Inhalt F der reduzierten Momentenfläche des mit dem Kopfmoment $M^k = 1$ belasteten Pfeilers:

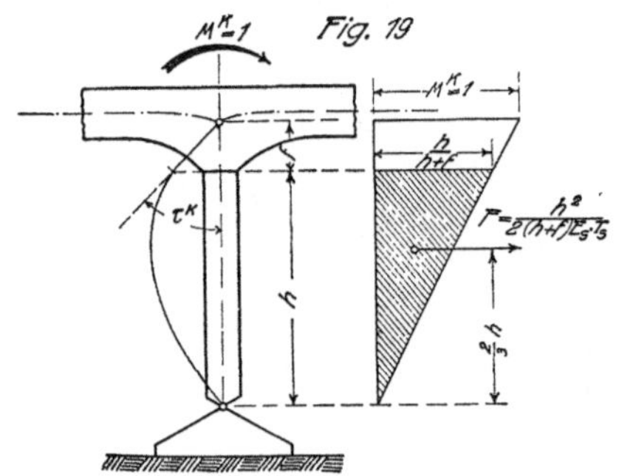

$$F = \frac{1}{E_s \cdot T_s} \cdot \frac{h}{h+f} \cdot \frac{h}{2} = \frac{h^2}{2 \cdot (h+f) E_s \cdot T_s} \quad \text{. . . (51}$$

Nach Satz IV ist τ^k der horizontale Auflagerdruck am Kopf infolge Belasten des Pfeilers mit der Fläche F; dieser Auflagerdruck beträgt:

$$\tau^k = \frac{F \cdot \dfrac{2 \cdot h}{3}}{h+f} = \frac{h^3}{3 \cdot (h+f)^2 \cdot E_s \cdot T_s} \quad \text{. . . (52}$$

Kann man $f = 0$ setzen (bei Mittelpfeilern mit großer Höhe h, oder bei großem T_s und niedrigem Balken, sowie stets bei Endpfeilern), so folgt:

$$\tau^k = \frac{h}{3 \cdot E_s \cdot T_s} \quad \text{. . . . . . (53}$$

Fall IV.

Der Pfeiler ist am Fusse und am Kopfe gelenkartig gelagert, wobei das Trägheitsmoment T_s nach Fig. 20 auf der Strecke h veränderlich und auf der Strecke f sehr gross ist.

Wir teilen die Momentenfläche des mit dem Kopfmoment $M^k = 1$ belasteten Pfeilers (Fig. 20)

in horizontale Streifen von der Breite $\varDelta s$; der Inhalt i eines $\dfrac{1}{E_s \cdot T_s}$-fachen Flächenstreifens beträgt:

$$i = \frac{\varDelta s \cdot y}{E_s \cdot T_s \cdot (h+f)} \quad \text{. . . . . (54}$$

Nach Satz IV ist τ^k der horizontale Auflagerdruck am Kopf infolge Belasten des Pfeilers mit den Kräften i; dieser Auflagerdruck beträgt:

$$\tau^k = \sum_0^h \frac{i \cdot y}{h+f} \quad \text{. . . . . (55}$$

also

$$\tau^k = \frac{1}{(h+f)^2 \cdot E_s} \sum_0^h \frac{\varDelta s \cdot y^2}{T_s} \quad \text{. . . . . (56}$$

Kann man $f = 0$ setzen (bei Mittelpfeilern mit

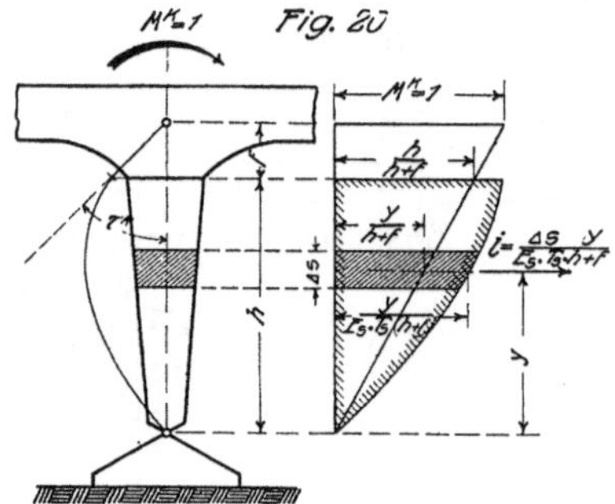

großer Höhe h, oder bei großem T_s und niedrigem Balken, sowie stets bei Endpfeilern), so folgt:

$$\tau^k = \frac{1}{h^2 \cdot E_s} \sum_0^h \frac{\varDelta s \cdot y^2}{T_s} \quad \text{. . . . (57}$$

Nachdem nun der Verhältniswert k sowie die Winkeldrehung τ^k durch die vorhergehenden Ableitungen bestimmt sind, kennen wir alle in Gl. (26) $\left(\text{Verhältnis } \dfrac{e}{e'} \right)$ vorkommenden Größen.

Aus Gl. (26) sowie aus den Gleichungen zur Bestimmung von k und von τ_A^k geht jetzt hervor, daß das Verhältnis $\dfrac{e}{e'}$ unabhängig ist von der Belastungsart und nur abhängt von den Abmessungen des Pfeilers A und des Trägers der ersten Öffnung, d. h. der Punkt J_1 (Fig. 6), welcher die feste Strecke d_1^1 in das feste Verhältnis $\dfrac{e}{e'}$ teilt, ist ein Festpunkt oder Fixpunkt.

Es ist jetzt noch zu beweisen, daß der Fixpunkt J_1 der Fig. 6 und der Momentennullpunkt W_1 der Fig. 1 zusammenfallen:

In Fig. 6 ist das Produkt der Strecke A_1A_1' mit der Polweite $H = 1$ gleich dem statischen Moment der Kraft F_1' in bezug auf A; ebenso ist das Produkt der Strecke B_1B_1' mit der Polweite $H = 1$ gleich dem statischen Moment der Kraft F_2' in bezug auf B. Wir können daher anschreiben:

$$A_1A_1' = F_1' \cdot d_1^l \ldots \ldots \ldots (58$$

und

$$B_1B_1' = F_2' \cdot d_1^r \ldots \ldots \ldots (59$$

Daraus folgt durch Division

$$\frac{A_1A_1'}{B_1B_1'} = \frac{F_1' \cdot d_1^l}{F_2' \cdot d_1^r} \ldots \ldots \ldots (60$$

Hierin kommen die den Momentenflächen $AA'B$ und ABB' der Fig. 1 entsprechenden $\frac{1}{E \cdot T}$-fachen (reduzierten) Momentenflächen F_1' und F_2' vor.

Um beispielsweise F_1' auszudrücken, teilen wir ähnlich wie in Fig. 8 die Momentenfläche $AA'B'$ in lotrechte Streifen von dem Inhalt $\frac{\Delta s \cdot AA' \cdot z}{E \cdot T \cdot l_1}$ und erhalten:

$$F_1' = \sum_0^{l_1} \frac{AA' \cdot \Delta s \cdot z}{E \cdot T \cdot l_1} = \frac{AA'}{E \cdot l_1} \cdot \sum_0^{l_1} \frac{\Delta s}{T} \cdot z, \ldots (61$$

ebenso

$$F_2' = \sum_0^{l_1} \frac{BB' \cdot \Delta s \cdot (l_1 - z)}{E \cdot T \cdot l_1} = \frac{BB'}{E \cdot l_1} \sum_0^{l_1} \frac{\Delta s}{T} \cdot (l_1 - z) \quad (62$$

Die vorstehenden Werte, sowie die Werte von d_1^l und d_1^r aus den Gl. (9) u. (11) in die Gl. (60) eingesetzt, gibt:

d. h. in den überschlagenen Vierecken $AA'W_1B'B$ (Fig. 1) und $A_1A_1'J_1B_1'B_1$ (Fig. 6) liegen die Punkte W_1 und J_1 auf derselben Vertikalen.

6. Linke Fixpunkte J_2, J_3 und J_4.

Von den linken Fixpunkten der 3 übrigen Öffnungen ermitteln wir noch denjenigen der zweiten Öffnung:

In Fig. 6 schneiden die inneren Seilseiten b und e die verschränkte Drittellinie S_B in den Punkten B_2' und B_2''. Die Verbindungslinie von B_2' mit dem Punkt T', in welchem sich Balkenachse und Drittellinie rechts von B schneiden, trifft die verlängerte Seilseite e in einem Punkt P, welcher die feste Strecke v_{1-2}^r in die zwei Strecken e und e' teilt. Aus dem überschlagenen Viereck $B_2'B_2''PT''T'$ (Fig. 6) folgt:

$$\frac{e}{e'} = \frac{B_2'B_2''}{T'T''} \ldots \ldots \ldots (66$$

Die Strecken $B_2'B_2''$ und $T'T''$ bestimmen wir wie folgt:

Zunächst ist $B_2'B_2''$ der Abschnitt der die Kraft F_4' einschließenden Seilseiten d und e auf der verschränkten Drittellinie S_B; deshalb ist das Produkt von $B_2'B_2''$ mit der Polweite $H = 1$ gleich dem statischen Moment der Kraft F_4' in bezug auf die verschränkte Drittellinie, oder

$$B_2'B_2'' = F_4' \cdot v_{1-2}^r \ldots \ldots \ldots (67$$

Ferner ist im Dreieck $B_1T'T''$ (Fig. 6):

$$T'T'' = d_2^l \cdot \operatorname{tg} \varphi_B, \ldots \ldots \ldots (68$$

worin φ_B den Drehwinkel der Balkenachse in B bedeutet; weil φ_B sehr klein ist, kann gesetzt werden

$$\operatorname{tg} \varphi_B = \varphi_B \ldots \ldots \ldots (69$$

womit nach Gl. (68)

$$T'T'' = d_2^l \cdot \varphi_B \ldots \ldots \ldots (70$$

$$- \frac{A_1A_1'}{B_1B_1'} = \frac{\dfrac{AA'}{E \cdot l_1} \cdot \displaystyle\sum_0^{l_1} \frac{\Delta s}{T} \cdot z \cdot \dfrac{l_1 \cdot \displaystyle\sum_0^{l_1} \frac{\Delta s}{T} \cdot z - \displaystyle\sum_0^{l_1} \frac{\Delta s}{T} \cdot z^2}{\displaystyle\sum_0^{l_1} \frac{\Delta s}{T} \cdot z}}{\dfrac{BB'}{E \cdot l_1} \cdot \displaystyle\sum_0^{l_1} \frac{\Delta s}{T} \cdot (l_1 - z) \cdot \dfrac{l_1 \cdot \displaystyle\sum_0^{l_1} \frac{\Delta s}{T} \cdot z - \displaystyle\sum_0^{l_1} \frac{\Delta s}{T} \cdot z^2}{\displaystyle\sum_0^{l_1} \frac{\Delta s}{T} \cdot (l_1 - z)}} \ldots \ldots \ldots (64$$

Daraus folgt:

$$\frac{A_1A_1'}{B_1B_1'} = \frac{AA'}{BB'} \ldots \ldots \ldots (65$$

Da nun Balkenachse und Pfeilerachse denselben Drehwinkel φ_B in B beschreiben, so denken wir uns zur Bestimmung von φ_B einen Schnitt unmittelbar unterhalb der Balkenachse geführt und den vom Balken getrennten Pfeiler am Kopfe in einem Gelenk gelagert und mit dem wirklichen Pfeilerkopfmoment M_B^k belastet. Es sei τ_B^k der Drehwinkel, welcher durch $M_B^k = 1$ am Kopfe entsteht; dann beträgt der durch M_B^k selbst hervorgerufene Winkel φ_B:

$$\varphi_B = M_B^k \cdot \tau_B^k \quad \ldots \ldots \ldots \text{(71}$$

Diesen Wert in Gl. (70) eingesetzt gibt:

$$T'T'' = d_2^l \cdot M_B^k \cdot \tau_B^k \quad \ldots \ldots \text{(72}$$

Dividieren wir jetzt Gl. (67) durch (72), so folgt:

$$\frac{B_2'B_2''}{T'T''} = \frac{F_4' \cdot v_{1-2}^r}{M_B^k \cdot \tau_B^k \cdot d_2^l} \quad \ldots \ldots \text{(73}$$

Setzen wir:

$$F_4' = k \cdot F_4 = k \cdot \frac{M_B^k \cdot l_2}{2} \quad \ldots \ldots \text{(74}$$

so erhalten wir nach Gl. (66) in Verbindung mit Gl. (73):

$$\frac{e}{e'} = k \cdot \frac{M_B^k \cdot l_2 \cdot v_{1-2}^r}{2 \cdot M_B^k \cdot \tau_B^k \cdot d_2^l} \quad \ldots \ldots \text{(75}$$

oder

$$\frac{e}{e'} = k \cdot \frac{l_2}{2 \cdot \tau_B^k} \cdot \frac{v_{1-2}^r}{d_2^l} \quad \ldots \ldots \text{(76}$$

Darin sind alle Größen bis auf den Faktor k bekannt oder nach Vorhergehendem ermittelbar. Den Faktor:

$$k = \frac{F_4'}{F_4} \quad \ldots \ldots \ldots \text{(77}$$

(nach Gl. 74) ermitteln wir ähnlich wie in der ersten Öffnung an Hand des mit beliebiger Höhe h gezeichneten Dreiecks $B_6 B_6' C_6$ (Fig. 12) und der entsprechenden reduzierten Momentenfläche $B_6 B_6'' J C_6$ zu:

$$k = \frac{\text{Fläche } B_6 B_6'' J C_6}{\text{Fläche } B_6 B_6' C_6} \quad \ldots \ldots \text{(78}$$

Aus den Gleichungen für $\dfrac{e}{e'}$, k und τ_B^k geht

hervor, daß das Verhältnis $\dfrac{e}{e'}$, in welches die

feste Strecke v_{1-2}^r geteilt wird, nur von den Abmessungen der ersten und zweiten Öffnung und des zwischen ihnen gelegenen Pfeilers B abhängt; die durch Punkt P gehende Vertikale, auf welcher sich die Linien $B_2'T'$ und $B_2''T''$ schneiden, hat daher eine feste Lage.

Nachdem wir im vorhergehenden bewiesen haben, daß die zwei Drittellinien in der Nähe von B, die verschränkte Drittellinie sowie die Vertikale durch P eine feste Lage haben, so liegen die vier Ecken des Vierecks $UB_2'PT''$ auf vier festen Vertikalen, während drei Seiten durch feste Punkte gehen, nämlich die Seilseite b durch J_1, die Seilseite c durch B_1 und die Gerade $B_2'P$ durch T'; aus geometrischen Gründen geht dann auch die vierte Seite, nämlich die Seilseite e durch einen festen Punkt J_2, welcher mit den drei anderen festen Punkten auf einer Geraden liegt; deshalb ist J_2 der gesuchte linke Fixpunkt der zweiten Öffnung.

7. Rechte Fixpunkte K_4, K_3, K_2 und K_1.

Um die rechten Fixpunkte K in den einzelnen Öffnungen zu bestimmen, gehen wir von der letzten Öffnung rechts aus und schreiten nach links vor:

In der vierten Öffnung fällt wegen des frei beweglichen Endauflagers E_1 (Fig. 6) der rechte Fixpunkt K_4 mit E_1 zusammen.

In der dritten Öffnung schneidet die innere Seilseite i die Balkenachse im gesuchten Fixpunkt K_3; denn wie bei der Stütze B ergibt sich auch bei der Stütze D (Fig. 6) ein Viereck $V''XD_2'Z$, dessen vier Ecken auf vier festen Vertikalen liegen, nämlich auf den beiden Drittellinien, der verschränkten Drittellinie bei D sowie auf der festen Vertikalen durch den Schnittpunkt X der Seilseite i und der Geraden $V'D_2'$; ferner gehen drei Seiten durch feste Punkte, nämlich die Seilseite m durch E_1, l durch D_1, und die Gerade $V'D_2'$ durch V'. Dann geht auch die Seilseite i als vierte Seite aus geometrischen Gründen durch einen festen Punkt K_3, welcher mit den drei anderen festen Punkten auf einer Geraden liegt, d. h. K_3 ist der gesuchte rechte Fixpunkt der dritten Öffnung.

Die Vertikale durch den Schnittpunkt X der inneren Seilseite i und der Geraden $V'D_2'$ teilt die feste Strecke v_{3-4}^l (Abstand der verschränkten Drittellinie bei D von der rechten Drittellinie der dritten Öffnung) in die zwei festen Teilstrecken e und e', deren Verhältnis sich analog wie früher ergibt zu:

$$\frac{e}{e'} = k \cdot \frac{l_3}{2 \cdot \tau_D^k} \cdot \frac{v_{3-4}^l}{d_3^r} \quad \ldots \ldots \text{(79}$$

worin die Achsendrehung τ_D^k am Kopfe der Säule D genau wie früher τ_B^k ermittelt wird, und der Faktor k, ähnlich wie früher, folgenden Ausdruck hat:

$$k = \frac{\text{Fläche } C_6 W D_6'' D_6}{\text{Fläche } C_6 D_6 D_6'} \quad \ldots \ldots \text{(80}$$

(Fig. 13).

8. Schlußfolgerungen.

Aus allen vorhergehenden Darlegungen können wir für den kontinuierlichen Balken mit veränderlichem Trägheitsmoment auf elastisch drehbaren Pfeilern folgende Schlußfolgerungen ziehen:

1. In jeder Öffnung gibt es zwei in der Balkenachse gelegene Fixpunkte J und K, die nur von den Balken- und Pfeilerabmessungen, dem Grad der Einspannung zwischen Balken und Pfeilern, und der Art der Auflagerung der Pfeiler abhängen; ist dabei der linke Stützpunkt des Balkens frei drehbar, so wird derselbe als der J-Punkt der ersten Öffnung links angesehen, und ist der rechte Stützpunkt frei drehbar, so gilt derselbe als K-Punkt der letzten Öffnung rechts.

2. Die Schlußlinien der Momentenflächen in den einzelnen Öffnungen bilden nicht mehr, wie beim kontinuierlichen Balken auf frei drehbaren Stützen, einen geschlossenen Linienzug, sondern das Moment ändert sich sprungweise an den Stützen.

3. Ist nur eine Öffnung belastet, so ist in allen links von dieser Öffnung gelegenen J-Punkten und in allen rechts davon liegenden K-Punkten das Moment gleich Null. Von der belasteten Öffnung ausgehend, nehmen die Stützenmomente nach den beiden Balkenenden hin ihrem absoluten Werte nach ab. Die zwei Stützenmomente unmittelbar links und rechts einer elastisch drehbaren Stütze haben gleiches Vorzeichen, und von beiden Stützenmomenten ist, absolut genommen, dasjenige das größere, dessen zugehöriger Querschnitt der belasteten Öffnung am nächsten liegt. Die beiden Stützenmomente der belasteten Öffnung haben gleiches, und die beiden Stützenmomente jeder anderen Öffnung entgegengesetztes Vorzeichen.

II. Konstruktion der Balkenfixpunkte.

1. Allgemeiner Fall:

Fixpunkte am kontinuierlichen Balken mit beliebig veränderlichem Trägheitsmoment.

Um graphisch die Fixpunkte J und K eines kontinuierlichen Balkens mit beliebig veränderlichem Trägheitsmoment zu bestimmen, zeichnet man zuerst in allen Öffnungen die Drittellinien und verschränkten Drittellinien und ermittelt die Drehwinkel τ^k an den Köpfen der eventuell vorhandenen elastisch drehbaren Pfeiler.

Die Lage der Drittellinien und verschränkten Drittellinien ermittelt man nach der im vorhergehenden Abschnitt I Nr. 1 und 2 gegebenen Anleitung entweder graphisch mittels der beliebigen Momentendreiecke, zugeordneten reduzierten Momentenflächen, Kraftecke und Seilecke der Fig. 8 und 8a bis 14 und 14a, oder rechnerisch durch Bestimmung der Abstände d^l und d^r sowie v^l und v^r nach den Formeln (9, 11, 14 und 15), in welche man jeweils die Abmessungen der entsprechenden Öffnungen einzusetzen hat; ist dabei der Balken am linken oder rechten Ende frei drehbar gelagert, so fällt in der ersten Öffnung die linke, bzw. in der letzten Öffnung die rechte Drittellinie fort. Nach den vorgenannten Formeln (9, 11, 14, 15) ist die Lage der Drittellinien und verschränkten Drittellinien nur von den Balkenabmessungen abhängig; zu ihrer Bestimmung verfährt man deshalb in gleicher Weise sowohl am kontinuierlichen Balken mit veränderlichem Trägheitsmoment und freier Auflagerung als auch am kontinuierlichen Balken mit veränderlichem Trägheitsmoment auf elastisch drehbaren Pfeilern.

Die Drehwinkel τ_A^k, τ_B^k, τ_C^k, τ_D^k an den elastisch mit dem Balken verbundenen Pfeilern bestimmen wir nach den Formeln (41, 42, 49, 50, 52, 53, 56, 57).

a) Linke Balkenfixpunkte J.

Mit der Bestimmung der linken Balkenfixpunkte beginnt man in der ersten Öffnung links und schreitet nach rechts vor.

Erste Öffnung l_1 links.

Fall 1.

Die Stütze am linken Balkenende besteht aus einem mit dem Balken elastisch verbundenen Pfeiler (Fig 1 und 7).

Der Fixpunkt J_1 teilt den Abstand d_1^l der linken Drittellinie vom linken Balkenende im Verhältnis $\dfrac{e}{e'}$ der Gleichung (26), wobei e den Abstand des J_1-Punktes von A bedeutet; der in Gleichung (26) vorkommende Faktor k ist nach Gleichung (28) oder (29) zu bestimmen. Der Zahlenwert des Verhältnisses wird nach Gleichung (26) rechnerisch ermittelt und dann die Teilung der Strecke d_1^l graphisch vorgenommen.

Da die Pfeilerköpfe als horizontal unverschieblich vorausgesetzt sind, so kann man den Endpfeiler in die Verlängerung der Balkenachse hinaufklappen und wie ein Endfeld des kontinuierlichen Balkens behandeln, wobei in A ein frei drehbares Auflager anzunehmen ist.

Fall 2.

Der Balken ist an seinem linken Ende fest eingespannt (nicht dargestellt).

In diesem Fall ist die Drehung der Endstütze gleich Null, d. h. in Gleichung (26) ist $\tau_A^k = 0$ zu setzen, wodurch $\dfrac{e}{e'}$ unendlich wird, d. h. $e' = 0$. Mit $e' = 0$ rückt jedoch nach Fig 7 J_1 in den Schnittpunkt der Balkenachse mit der linken Drittellinie.

Beliebige Mittelöffnung und letzte Öffnung rechts.

Fall 1.

Die Stütze zwischen der Öffnung, in welcher J gesucht wird, und der Öffnung unmittelbar links besteht aus einem mit dem Balken elastisch verbundenen Pfeiler (Fig. 1 und 7).

Es sei der Fixpunkt J_1 bekannt und J_2 gesucht. Man zieht von J_1 aus die beliebige Gerade J_1B_4', welche die Drittellinie links von B in U'' und die

Es ist hierbei zu beachten, daß zur Bestimmung der J-Punkte in allen Öffnungen rechts der ersten das Verhältnis $\frac{e}{e'}$ stets nach Gleichung (76) zu ermitteln ist, in welche man jeweils die Abmessungen derjenigen Öffnung einsetzt, welcher J angehört, und den Drehwinkel τ^k des Pfeilers zwischen der Öffnung mit dem gesuchten Fixpunkt J und der Öffnung unmittelbar links; ferner ist der in Gleichung (76) vorkommende Faktor k nach den Gleichungen (29) oder (78) zu bestimmen,

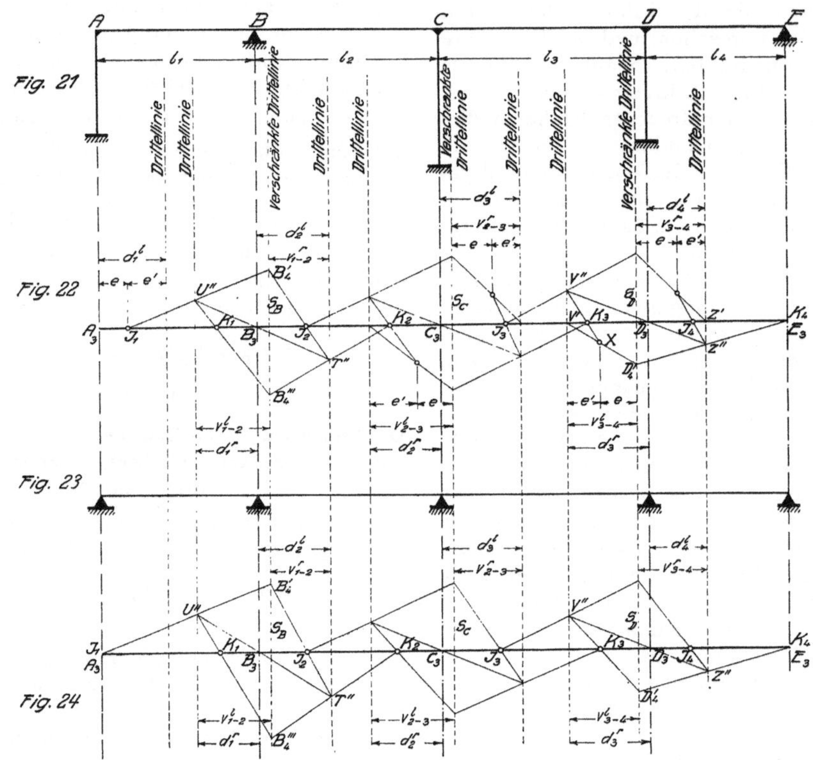

verschränkte Drittellinie S_B bei B in B_4' schneidet, verbindet B_4' mit dem Schnittpunkt T' der Balkenachse und der Drittellinie rechts von B und zieht die Gerade $U''B_3$, welche die Drittellinie rechts von B in T'' schneidet; die Vertikale, welche die Strecke v_{1-2}^r im Verhältnis $\frac{e}{e'}$ der Gleichung (76) teilt, trifft $B_4'T'$ in einem Punkt P, welchen man mit T'' verbindet; die Gerade PT'' schneidet schließlich die Balkenachse in dem gesuchten Fixpunkt J_2.

Von J_2 ausgehend (Fig. 7), wiederholt man die soeben angegebene Konstruktion und gelangt so zum Fixpunkt J_3 der dritten Öffnung, desgleichen erhält man schließlich durch Wiederholung des Verfahrens mit J_3 als Ausgangspunkt J_4 der vierten Öffnung.

in welche man ebenfalls die Abmessungen der Öffnung mit dem gesuchten J-Punkt einführt. Von den beiden Teilstrecken e und e' des Verhältnisses $\frac{e}{e'}$ geht die Strecke e immer von der in Betracht kommenden verschränkten Drittellinie aus.

Fall 2.

Der Balken liegt auf der Stütze zwischen der Öffnung, in welcher J gesucht wird, und der Öffnung unmittelbar links frei auf (Fig. 21 und 22).

In Fig. 21 haben wir den in Fig. 1 vorgeführten kontinuierlichen Balken mit veränderlichem Trägheitsmoment auf elastisch drehbaren Pfeilern ohne den Pfeiler B dargestellt, welcher durch eine frei drehbare Stütze ersetzt wurde. Die Konstruktion der Drittellinien, der verschränkten Drittlinien und des Fixpunktes J_1 (Fig. 22) erfolgt genau wie in Fig. 7. Es soll jetzt der Fixpunkt J_2 der zweiten Öffnung bestimmt werden. Zu dem Zweck beachten wir, daß bei freier Auflagerung in B der im Nenner der Gleichung (76) [Verhältnis $\frac{e}{e'}$] vorkommende Drehwinkel τ_B^k aus dem allgemeinen, in Fig. 18 dargestellten Fall des Pfeilers mit veränderlichem Trägheitsmoment wie folgt hergeleitet werden kann:

Wir verschmälern den Pfeiler an seiner Verbindungsstelle mit dem Balken; für den Grenzfall, daß in diesem Pfeilerquerschnitt das Trägheitsmoment Null wird, d. h. für den Fall der freien Auflagerung, erhalten wir nach Gleichung (49)

$$\tau_B^k = \text{unendlich} \ldots \ldots \ldots \text{(81}$$

Mit $\tau_B^k = $ unendlich ist nach Gleichung (76) $\frac{e}{e'} = 0$, und daher $e = 0$. Lassen wir nun in der allgemeinen Fig. 7 die in der Strecke v_{1-2}^r enthaltene Teilstrecke e abnehmen, bis sie schließlich gleich Null wird, so fällt in diesem Grenzzustande Punkt P mit B_4' zusammen und der Fixpunkt J_2, welcher im allgemeinen Fall von der Geraden PT'' auf der Balkenachse ausgeschnitten wurde, wird dann von der Geraden $B_4'T''$ ausgeschnitten. Der Fixpunkt J_2 wird daher folgendermaßen ermittelt:

Von dem bekannten Fixpunkt J_1 aus zieht man (Fig. 22) die beliebige Gerade J_1B_4', welche die Drittellinie links von B in U'' und die verschränkte Drittellinie S_B bei B in B_4' schneidet, und zieht die Gerade $U''B_3$, welche man bis zu ihrem Schnittpunkt T'' mit der Drittellinie rechts von B verlängert; die Verbindungslinie $B_4'T''$ schneidet dann auf der Balkenachse den gesuchten Fixpunkt J_2 aus.

Von J_2 aus wird jetzt J_3 und J_4 auf dieselbe Weise ermittelt wie in dem vorhergehenden Fall 1 (Fig. 7).

b) Rechte Balkenfixpunkte K.

Bei der Bestimmung der rechten Balkenfixpunkte K in den einzelnen Öffnungen beginnt man in der letzten Öffnung rechts und schreitet nach links vor. Das hierbei einzuschlagende Verfahren ist analog demjenigen, welches auf den vorhergehenden Seiten zur Bestimmung der linken Balkenfixpunkte erläutert wurde. Man kann auch so vorgehen, daß man den Balken aus der Zeichenebene heraus um 180 ° so dreht, daß dessen rechtes Ende nach der linken Seite kommt; die rechten Balkenfixpunkte werden dann genau wie die linken bestimmt.

In Fig. 23 wurde angenommen, daß der in Fig. 21 dargestellte kontinuierliche Balken an allen Stützen frei aufliege; die in Fig. 24 darge-

stellte graphische Bestimmung der Fixpunkte ist nach dem Vorhergehenden ohne weiteres verständlich.

2. Sonderfälle.

Als Sonderfälle des vorhergehend behandelten kontinuierlichen Balkens mit beliebig veränderlichem Trägheitsmoment auf elastisch drehbaren Pfeilern betrachten wir den kontinuierlichen Balken mit konstantem, jedoch von Öffnung zu Öffnung sprungweise veränderlichem Trägheitsmoment, und den kontinuierlichen Balken mit über seiner ganzen Länge konstantem Trägheitsmoment.

Das einzuschlagende Verfahren zur Bestimmung der Fixpunkte ist in dem erwähnten Werke von W. Ritter behandelt, geht aber auch ohne weiteres aus den vorhergehend erläuterten allgemeinen Beziehungen hervor.

a) Kontinuierlicher Balken mit konstantem, jedoch von Öffnung zu Öffnung sprungweise veränderlichem Trägheitsmoment.

In diesem Falle sind die reduzierten Teilmomentenflächen Dreiecke mit Spitze in den Auflagersenkrechten, so daß die Drittellinien in die Drittelspunkte der Öffnungen fallen; die verschränkte Drittellinie, z. B. in der Nähe der Stütze B (Fig. 1) teilt den Abstand der beiden benachbarten Drittellinien im Verhältnis $l_2 \cdot T_1 : l_1 \cdot T_2$ (wo T_1 das konstante Trägheitsmoment der ersten Öffnung l_1 und T_2 das konstante Trägheitsmoment der zweiten Öffnung l_2 bedeutet), was man sofort einsieht, wenn man die entsprechenden Werte für F_2', F_3', d_1^r und d_2^l in die Gl. (12) und (13) einsetzt und dann Gl. (12) durch Gl. (13) dividiert; es ist

$$v_{1-2}^l = \frac{l_1 + l_2}{3\left(1 + \frac{l_1}{l_2} \cdot \frac{T_2}{T_1}\right)};$$

$$v_{1-2}^r = \frac{l_1 + l_2}{3\left(1 + \frac{l_2}{l_1} \cdot \frac{T_1}{T_2}\right)};$$

und

$$\frac{v_{1-2}^l}{v_{1-2}^r} = \frac{l_2}{l_1} \cdot \frac{T_1}{T_2}.$$

Das Verhältnis $\frac{e}{e'}$ beträgt z. B. für den linken Fixpunkt J_1 (nach Gl. 26):

$$\frac{e}{e'} = \frac{l_1}{2 \cdot E \cdot T_1 \cdot \tau_A^k},$$

da $k = \frac{1}{E \cdot T_1}$, und

für den linken Fixpunkt J_2 (nach Gl. 76):

$$\frac{e}{e'} = \frac{3 \cdot v^r_{1-2}}{2 \cdot E \cdot T_2 \cdot \tau^k_B} \, ,$$

da $d^l_2 = \frac{l_2}{3}$ und $k = \frac{1}{E \cdot T_2}$.

Dreht man den Balken aus der Zeichenebene heraus um 180° so, daß dessen rechtes Ende nach der linken Seite kommt, so werden die rechten Balkenfixpunkte K genau wie die linken bestimmt.

b) Kontinuierlicher Balken mit konstantem Trägheitsmoment auf die ganze Balkenlänge.

Die reduzierten Teilmomentenflächen sind wieder Dreiecke, so daß die Drittellinien auch hier in die Drittelspunkte der Öffnungen fallen; die verschränkten Drittellinien erhält man durch Vertauschen der Spannweitendrittel; es ist

$$v^l_{1-2} = \frac{l_2}{3}$$

und

$$v^r_{1-2} = \frac{l_1}{3}.$$

Das Verhältnis $\frac{e}{e'}$ beträgt z. B.

für den linken Fixpunkt J_1 (nach Gl. 26):

$$\frac{e}{e'} = \frac{l_1}{2 \cdot E \cdot T \cdot \tau^k_A} \, ,$$

da $k = \frac{1}{E \cdot T}$, und

für den linken Fixpunkt J_2 (nach Gl. 76):

$$\frac{e}{e'} = \frac{l_1}{2 \cdot E \cdot T \cdot \tau^k_B} \, ,$$

wobei hervorzuheben ist, daß sich im Zähler des Verhältnisses $\frac{e}{e'}$ für J_2 die Spannweite l_1 vorfindet, da $v^r_{1-2} = \frac{l_1}{3}$.

Bezüglich der Fixpunkte K gilt das vorhin unter a) Gesagte.

Wie beim allgemeinen Fall erwähnt, ist die Lage der Drittellinien und verschränkten Drittellinien dieselbe sowohl am kontinuierlichen Balken auf frei drehbaren als auch am kontinuierlichen Balken auf elastisch drehbaren Stützen; eine Einspannung an den Stützen wird im Verhältnis $\frac{e}{e'}$ berücksichtigt.

Kapitel II.

Rechnerische Methode zur Bestimmung der Balkenfixpunkte *).

In irgend einer Öffnung mit der Stützweite l (Fig. 25) eines kontinuierlichen Balkens mit veränderlichem Trägheitsmoment auf elastisch drehbaren Pfeilern sei der Abstand a des linken Fixpunktes J vom linken Auflager, und der Abstand b des rechten Fixpunktes K vom rechten Auflager zu bestimmen; in der Öffnung unmittelbar links mit der Stützweite l' sei der linke Fixpunkt J' durch seinen Abstand a' vom linken Auflager, und in der Öffnung unmittelbar rechts mit der Stützweite l'' sei der rechte Fixpunkt K'' durch seinen Abstand b'' vom rechten Auflager bekannt.

Wir führen folgende Bezeichnungen ein: Es sei (Fig. 25):

(1) der Schnittpunkt der Balkenachse mit der linken Pfeilerachse der Öffnung l,

(2) der Schnittpunkt der Balkenachse mit der rechten Pfeilerachse der Öffnung l, ferner

M^l_1 das Balkenmoment (Stützenmoment) unmittelbar links von (1),

M^r_1 das Balkenmoment (Stützenmoment) unmittelbar rechts von (1),

M^k_1 das Pfeilerkopfmoment unmittelbar unterhalb (1),

worin also wie früher der untere Zeiger die Stütze und der obere Zeiger den Querschnitt links oder rechts von (1) bzw. am Kopf des Pfeilers (1) bedeutet; desgl. bezeichnen wir wie früher mit μ^l_1 und μ^r_1 die Verkleinerungskoeffizienten, wenn ein Moment den Pfeiler (1) in der Richtung nach links bzw. nach rechts überschreitet. Analoge Bedeutung haben am Pfeiler (2) die Bezeichnungen: M^l_2, M^r_2, M^k_2, μ^l_2 und μ^r_2.

Ferner bezeichnen wir am frei aufliegenden Balken der Öffnung l mit:
α_1 und β_1 den Achsendrehwinkel am linken bzw. am rechten Auflager durch ein Moment $M_1 = 1$ (Fig. 26),
α_2 und β_2 den Achsendrehwinkel am linken bzw. am rechten Auflager durch ein Moment $M_2 = 1$ (Fig. 27),
desgl. mit α_1', β_1' und α_2', β_2' die Drehwinkel am frei aufliegenden Balken der Öffnung l', sowie mit α_1'', β_1'' und α_2'', β_2'' die Drehwinkel am frei aufliegenden Balken der Öffnung l'' infolge Belasten des linken bzw. rechten Balkenendes mit der Momenteneinheit.

*) Vergl. Dr.-Ing. Max Ritter: Über die Berechnung elastisch eingespannter und kontinuierlicher Balken mit veränderlichem Trägheitsmoment, Schweiz. Bauzeitung, Band **53**, Heft **18** u. **19**; sowie derselbe: Der kontinuierliche Balken auf elastisch drehbaren Stützen, Schweiz. Bauzeitung, Band **57**, Heft **4**.

1. Allgemeiner Fall:

Fixpunkte am kontinuierlichen Balken mit beliebig veränderlichem Trägheitsmoment.

a) Linke Balkenfixpunkte J.

(Fixpunktabstand a.)

Von früher ist bekannt, daß ein Stützenmoment an irgend einer Stütze rechts der Öffnung 1 in jeder Öffnung links dieser Stütze, also auch in der Öffnung 1 eine Momentenfläche erzeugt, deren Nullpunkt mit dem linken Fixpunkt dieser Öffnung identisch ist. Denken wir uns daher einen Schnitt unmittelbar links von Pfeiler (2) geführt, die Konstruktion rechts des Schnittes entfernt und die Konstruktion links desselben (Fig. 28) mit einem beliebigen Schnittmoment M_2^l belastet, so erhalten wir im Momentennullpunkt der Öffnung 1 den gesuchten Fixpunkt J. Der Einfachheit halber wählen wir $M_2^l = 1$; ferner beachten wir, daß Pfeiler (2) festgehalten ist, weil er zur weggedachten Konstruktion gehört, und daß wir daher in (2) ein frei drehbares Auflager anbringen müssen.

In Fig. 28 ist die Durchbiegung des Balkens skizziert, welche in den Öffnungen 1 und 1' durch die Belastung $M_2^l = 1$ bewirkt wird. Die elastische Linie geht einerseits durch die Auflagerpunkte, weil in denselben die Durchbiegung Null sein muß, und andererseits sind ihre Wendepunkte W und W' nach Obigem identisch mit den linken Fixpunkten J und J'. Den gesuchten Abstand a leiten wir jetzt aus der selbstverständlichen Bedingung ab, daß die Biegelinie der Öffnung 1 und die Biegelinie der Öffnung 1' in (1) gemeinsame Stützentangente haben; führen wir in der Folge eine Rechtsdrehung der Balkenachse als positiv ein, so ist daher nach Fig. 28

$$\vartheta_1 = \vartheta_1' \quad \ldots \ldots \ldots \quad (82$$

Um die Drehung ϑ_1 auszudrücken, betrachten wir (Fig. 29) die Momentenfläche der Öffnung 1 infolge $M_2^l = 1$. Die Schlußlinie derselben erhalten wir einfach dadurch, daß wir $M_2^l = 1$ als Strecke auftragen und den Endpunkt dieser Strecke mit J verbinden; danach beträgt das Stützenmoment unmittelbar rechts von (1)

$$M_1^r = \frac{a}{1-a} \quad \ldots \ldots \ldots \quad (83$$

Nachdem wir die beiden Stützenmomente der Öffnung 1 kennen, erhalten wir die elastische Linie der Öffnung 1 als Biegelinie des einfachen Balkens, der an seinen Endquerschnitten mit den Stützenmomenten $M_1^r = \dfrac{a}{1-a}$ und $M_2^l = 1$ belastet ist

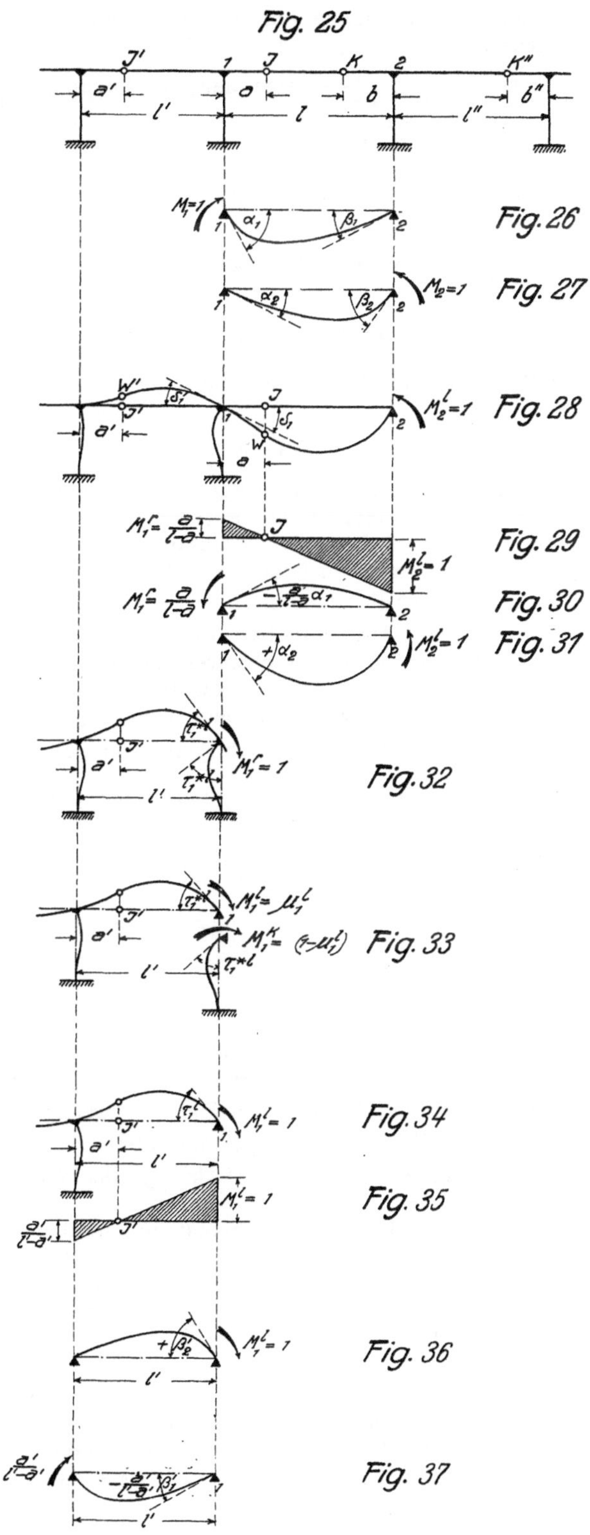

Mit den oben eingeführten Bezeichnungen ergibt sich jetzt am linken Auflager des einfachen Balkens 1:

a) durch $M_1^r = \dfrac{a}{1-a}$ eine negative Drehung $= \dfrac{a}{1-a} \cdot \alpha_1$ (Fig. 30),

b) durch $M_2^l = 1$ eine positive Drehung $= \alpha_2$ (Fig. 31).

Die Summe beider Drehungen muß gleich ϑ_1 sein, d. h.

$$\vartheta_1 = \alpha_2 - \frac{a}{1-a} \cdot \alpha_1 \quad \ldots \ldots \quad (84$$

Mit Rücksicht auf Gl. (82) ist dann

$$\vartheta_1' = \alpha_2 - \frac{a}{1-a} \cdot \alpha_1 \quad \ldots \ldots \quad (85$$

Führen wir (Fig. 32) einen Schnitt unmittelbar rechts des Pfeilers (1), entfernen Träger 1 und belasten die beibehaltene Konstruktion links des Schnittes mit dem rechtsdrehenden Schnittmoment $M_1^r = 1$, so sei τ_1^{*l} die dadurch bewirkte Drehung der festen Ecke (1) unmittelbar links des Pfeilers (1), also die gemeinsame Rechtsdrehung des Pfeilers (1) und des Trägers 1'. Die Rechtsdrehung ϑ_1' erhalten wir nun, wenn wir als Belastung an Stelle von $M_1^r = 1$ das wirklich vorhandene Moment der Gl. (83) $M_1^r = \dfrac{a}{1-a}$ einführen; es folgt dann

$$\vartheta_1' = \frac{a}{1-a} \cdot \tau_1^{*l} \quad \ldots \ldots \quad (86$$

Durch Gleichsetzen der Gl. (85) und (86) folgt jetzt die

Hauptformel

$$a = 1 \cdot \frac{\alpha_2}{\alpha_1 + \alpha_2 + \tau_1^{*l}} \quad \ldots \ldots \quad (87$$

Die hierin vorkommende, in Fig. 32 skizzierte gemeinsame Rechtsdrehung τ_1^{*l} des Pfeilers (1) und des Trägers 1' im Punkte (1) infolge der Momenteneinheit ermitteln wir wie folgt:

Wir führen (Fig. 33) einen Schnitt unmittelbar links von (1) und belasten das jetzt freie, wegen der vorausgesetzten vertikalen Unverschiebbarkeit einfach gestützte rechte Balkenende der Öffnung 1' mit dem Stützenmoment

$$M_1^l = \mu_1^l \quad \ldots \ldots \ldots \quad (88$$

ferner belasten wir den jetzt freien, wegen der vorausgesetzten horizontalen Unverschiebbarkeit einfach gestützten Kopf des Pfeilers (1) mit dem Pfeilerkopfmoment

$$M_1^k = M_1^r - M_1^l = (1 - \mu_1^l) \quad \ldots \ldots \quad (89$$

In die beiden letztgenannten Momente M_1^l und M_1^k zerfällt nämlich das Stützenmoment $M_1^r = 1$ beim Überschreiten des Pfeilers (1) nach links. Der durch die Belastung $M_1^l = \mu_1^l$ am Balken 1' entstehende Drehwinkel τ_1^{*l} beträgt

$$\tau_1^{*l} = \mu_1^l \cdot \tau_1^l \quad \ldots \ldots \ldots \quad (90$$

worin τ_1^l derjenige Drehwinkel ist, welcher unmittelbar links des frei aufliegenden Balkenendes (1) durch Belasten der Konstruktion links von (1) mit dem Moment $M_1^l = 1$ entsteht (Fig. 34); desgl. beträgt der durch die Belastung $M_1^k = (1 - \mu_1^l)$ am einfach gestützten Pfeilerkopf (Fig. 33) hervorgerufene Drehwinkel τ_1^{*l}

$$\tau_1^{*l} = (1 - \mu_1^l) \cdot \tau_1^k \quad \ldots \ldots \quad (91$$

worin τ_1^k derjenige Drehwinkel ist, welcher durch $M_1^k = 1$ erzeugt wird. Durch Gleichsetzen der Gl. (90) und (91) (da die Tangenten an die elastische Linie des Trägers 1' und des Pfeilers (1) im Punkte (1) sowohl vor wie nach der Drehung senkrecht aufeinander stehen, sind die beiden Winkel τ_1^{*l} am Träger und am Pfeiler einander gleich) erhalten wir jetzt:

$$\mu_1^l = \frac{\tau_1^k}{\tau_1^k + \tau_1^l} \quad \ldots \ldots \quad (92$$

Diesen Wert in Gl. (90) eingesetzt gibt

$$\tau_1^{*l} = \mu_1^l \cdot \tau_1^l = \frac{\tau_1^k \cdot \tau_1^l}{\tau_1^k + \tau_1^l} \quad \ldots \ldots \quad (93$$

worin τ_1^k nach den Formeln (41), (42), (49), (50), (52), (53), (56) oder (57) bestimmt und τ_1^l wie folgt ermittelt wird:

Wir konstruieren die Momentenfläche (Fig. 34 und 35) am Träger 1' infolge $M_1^l = 1$; die Schlußlinie derselben, welche durch die Strecke $M_1^l = 1$ sowie den Fixpunkt J' bestimmt ist, schneidet auf der linken Auflagervertikalen das Stützenmoment $\dfrac{a'}{1'-a'}$ ab. Belasten wir jetzt den einfachen Balken 1' auf 2 Stützen mit den beiden Stützenmomenten (1) und $\left(\dfrac{a'}{1'-a'}\right)$, so erhalten wir nach den Fig. 34, 36 und 37 den Winkel τ_1^l zu

$$\tau_1^l = \beta_2' - \frac{a'}{1'-a'} \cdot \beta_1' \quad \ldots \ldots \quad (94$$

Zur vollständigen Bestimmung des gesuchten Fixpunktabstandes a bleiben jetzt noch die Winkel α und β der Gl. (87) und (94) zu ermitteln.

Bestimmung von α_1 und β_1.

Wir teilen die Momentenfläche des mit dem linken Stützenmoment $M_1 = 1$ belasteten einfachen Balkens l (Fig. 38) in lotrechte Streifen mit der Breite Δs und dem Abstande z von der rechten Stütze; der Inhalt ΔF einer $\frac{1}{E \cdot T}$ fachen (reduzierten) Streifenfläche beträgt

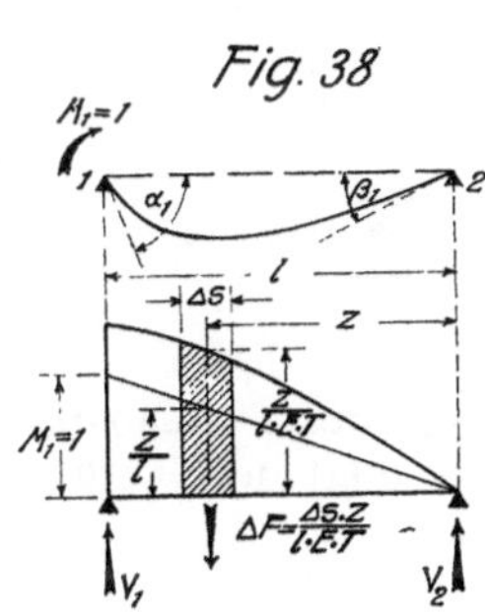

Fig. 38

$$\Delta F = \frac{\Delta s \cdot z}{1 \cdot E \cdot T} = \frac{w \cdot z}{1 \cdot E} \quad \dots \quad (95$$

worin $w = \dfrac{\Delta s}{T}$.

Nach dem früheren Satz IV ist dann α_1 gleich dem Auflagerdruck V_1, und β_1 gleich dem Auflagerdruck V_2 des mit den Kräften ΔF belasteten Trägers l, d. h.

$$\alpha_1 = V_1 = \sum_0^1 \frac{\Delta F \cdot z}{1} = \frac{1}{E \cdot l^2} \cdot \sum_0^1 w \cdot z^2 \quad . \quad (96$$

Analog folgt

$$\left. \beta_1 = V_2 = \sum_0^1 \frac{\Delta F \cdot (1-z)}{1} \\[4pt] = \frac{1}{E \cdot 1} \cdot \sum_0^1 w \cdot z - \frac{1}{E \cdot l^2} \cdot \sum_0^1 w \cdot z^2 \right\} \quad (97$$

Bestimmung von α_2 und β_2.

Ähnlich wie vor erhält man die Winkel α_2 und β_2 aus der Belastung des einfachen Balkens l

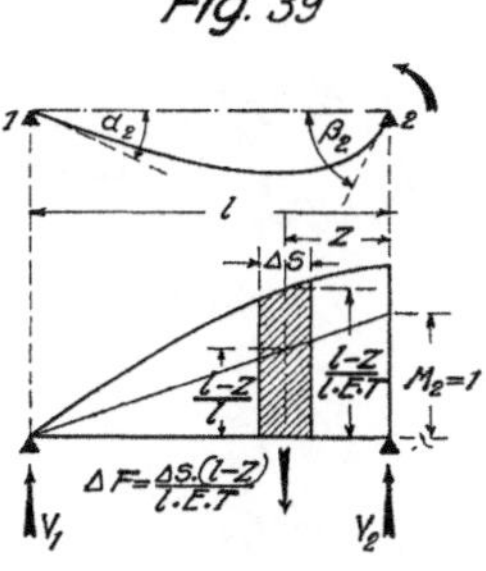

Fig. 39

(Fig. 39) mit der $\frac{1}{E \cdot T}$ fachen (reduzierten) Momentenfläche infolge $M_2 = 1$ am rechten Auflager:

$$\left. \alpha_2 = V_1 = \sum_0^1 \frac{\Delta F \cdot z}{1} = \sum_0^1 \frac{\Delta s (1-z) z}{l^2 \cdot E \cdot T} \\[4pt] = \frac{1}{E \cdot 1} \cdot \sum_0^1 w \cdot z - \frac{1}{E \cdot l^2} \cdot \sum_0^1 w \cdot z^2 \right\} \quad (98$$

Analog ergibt sich

$$\beta_2 = V_2 = \sum_0^1 \frac{\Delta F \cdot (1-z)}{1} \\[4pt] = \frac{1}{E} \cdot \sum_0^1 w - \frac{2}{E \cdot 1} \cdot \sum_0^1 w \cdot z + \frac{1}{E \cdot l^2} \cdot \sum_0^1 w \cdot z^2 \quad (99$$

Ist der Balken l symmetrisch in bezug auf Balkenmitte, so ist

$$\alpha_1 = \beta_2 \quad \dots \dots \quad (100$$

ferner geht aus dem Vergleich der Gl. (97) und (98) hervor (wie übrigens auch ohne weiteres aus dem Satze von der Gegenseitigkeit der Formänderungen), daß stets besteht

$$\alpha_2 = \beta_1 \quad \dots \dots \quad (101$$

Nachdem wir die Winkel α und β ermittelt haben, setzen wir die Werte der Gl. (96) u. (98) in die Hauptformel (87) ein und erhalten:

Hauptformel

$$a = \frac{1 \cdot \sum\limits_0^1 w \cdot z - \sum\limits_0^1 w \cdot z^2}{\sum\limits_0^1 w \cdot z + 1 \cdot E \cdot \imath^{*l}_1} \quad . \quad . \quad (102$$

Mit Hilfe der Hauptformel (102) läßt sich am kontinuierlichen Balken mit veränderlichem Trägheitsmoment der Abstand a eines beliebigen Fixpunktes J aus dem bekannten Abstand a′ des benachbarten linken Fixpunktes J′ wie folgt berechnen, wobei wir in der ersten Öffnung links beginnen; es können folgende Fälle vorkommen:

Linker Fixpunkt J in der ersten Öffnung links:

Fall 1:

Der Balken liegt an seinem linken Ende frei auf.

Da (Fig. 32) der Trägerstumpf rechts des Punktes (1) in diesem Punkt nicht in Verbindung mit einer weiteren Öffnung links steht, sondern dort frei drehbar ist, so wird

$$a = 0 \quad \dots \dots \quad (103$$

Fall 2:

Der Balken ist an seinem linken Ende fest eingespannt.

Belasten wir das linke Widerlager (1) mit $M_1^r = 1$, so ist wegen der Starrheit desselben $\tau_1^{*l} = 0$; aus der Hauptformel (102) folgt dann:

$$a = \frac{1 \cdot \sum_0^1 w \cdot z - \sum_0^1 w \cdot z^2}{\sum_0^1 w \cdot z} = 1 - \frac{\sum_0^1 w \cdot z^2}{\sum_0^1 w \cdot z} \quad \ldots (104$$

Fall 3:

Der Balken hat an seinem linken Ende eine elastisch drehbare Stütze (Säule, Pfeiler):

Dann ist die Drehung der linken Stütze durch die Belastung $M_1^r = 1$ gleich der Drehung des Pfeilerkopfes, und in Formel (102) ist $\tau_1^{*l} = \tau_1^k$ zu setzen, so daß:

$$a = \frac{1 \cdot \sum_0^1 w \cdot z - \sum_0^1 w \cdot z^2}{\sum_0^1 w \cdot z + 1 \cdot E \cdot \tau_1^k} \quad (105$$

Linker Fixpunkt J in einer beliebigen Mittelöffnung und in der letzten Öffnung rechts.

Fall 1:

Der Balken liegt auf der Stütze (1) zwischen der Öffnung 1, in welcher J gesucht wird, und der benachbarten linken Öffnung l' mit dem bekannten Fixpunktabstand a' frei auf.

Nach der Definition des Winkels τ_1^{*l} ist dann $\tau_1^{*l} = \tau_1^l$ (da in Gl. (93) $\mu_1^l = 1$ wird) und aus der Hauptformel (102) erhalten wir:

$$a = \frac{1 \cdot \sum_0^1 w \cdot z - \sum_0^1 w \cdot z^2}{\sum_0^1 w \cdot z + 1 \cdot E \cdot \tau_1^l}, \quad \ldots (106$$

worin τ_1^l folgende Werte haben kann:

Der Träger der Öffnung l' ist unsymmetrisch zu seiner Mitte:

Den Wert τ_1^l bestimmen wir nach Gl. (94), indem wir in letztere die Werte β_1' und β_2' der Gl. (97) u. (99) einsetzen, und erhalten:

$$\tau_1^l = \frac{l' \cdot (l' - a') \cdot \sum_0^{l'} w - (2 \cdot l' - a') \cdot \sum_0^{l'} w \cdot z + \sum_0^{l'} w \cdot z^2}{E \cdot l' \cdot (l' - a')} \quad (107$$

Der Träger der Öffnung l' ist symmetrisch zu seiner Mitte:

Dann ist nach Gl. (100) $\beta_2' = \alpha_1'$; setzen wir den Wert von β_2' aus Gl. (96) und den Wert von β_1' aus Gl. (97) in Gl. (94) ein, so folgt:

$$\tau_1^l = \frac{\sum_0^{l'} w \cdot z^2 - a' \cdot \sum_0^{l'} w \cdot z}{E \cdot l' \cdot (l' - a')} \quad \ldots (108$$

Ist dabei l' eine Endöffnung mit frei drehbarer Stütze links, d. h. mit $a' = 0$, so folgt aus Gl. (108):

$$\tau_1^l = \frac{\sum_0^{l'} w \cdot z^2}{E \cdot l'^2} \quad \ldots (108\,a$$

Fall 2:

Die Stütze (1) zwischen der Öffnung 1, in welcher J gesucht wird, und der benachbarten linken Öffnung l' besteht aus einem mit dem Balken elastisch verbundenen Pfeiler.

In diesem Fall gilt die unveränderte allgemeine Hauptformel (102).

b) Rechte Balkenfixpunkte K.

(Fixpunktabstand b).

Zur Bestimmung des Fixpunktabstandes b denken wir uns an dem in Fig. 25 dargestellten Träger einen Schnitt unmittelbar rechts von (1) geführt und die Konstruktion rechts des Schnittes mit dem Schnittmoment $M_1^r = 1$ belastet (Fig. 40);

Fig. 40

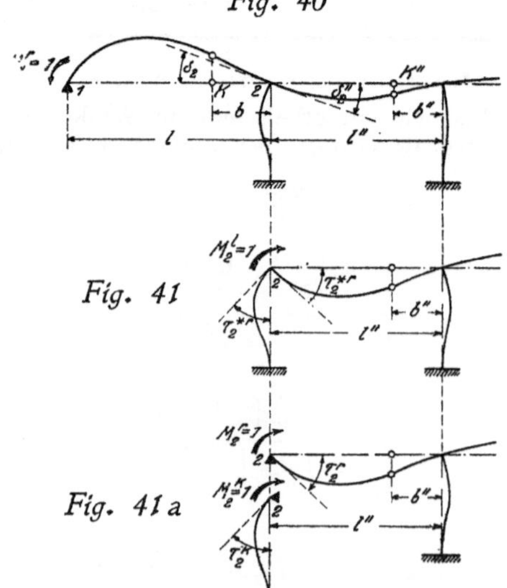

Fig. 41

Fig. 41 a

die Zweige der elastischen Linie in den Öffnungen 1 und 1'' haben in (2) gemeinsame Tangente, so daß

$$\vartheta_2 = \beta_2'' \quad \ldots \ldots \ldots \text{(109}$$

Wiederholen wir jetzt dieselben Überlegungen wie zur Bestimmung von a, so erhalten wir aus Gl. (109) die

Hauptformel

$$b = 1 \cdot \frac{\beta_1}{\beta_1 + \beta_2 + \tau_2^{*r}}, \quad \ldots \ldots \text{(110}$$

worin

$$\tau_2^{*r} = \mu_2^r \cdot \tau_2^r = \frac{\tau_2^k \cdot \tau_2^r}{\tau_2^k + \tau_2^r} \quad \ldots \ldots \text{(111}$$

Der in Gl. (111) vorkommende Verkleinerungskoeffizient μ_2^r beim Überschreiten der Stütze (2) durch ein Moment nach rechts beträgt:

$$\mu_2^r = \frac{\tau_2^k}{\tau_2^k + \tau_2^r} \quad \ldots \ldots \text{(112}$$

In den Gl. (110) bis (112) bedeutet:

τ_2^{*r} die gemeinsame Drehung des Pfeilers (2) und des Trägers 1'' in Punkt (2) durch Belasten der Konstruktion rechts von (2) mit einem Moment $M_2^l = 1$ nach Entfernen des Trägers 1 (Fig. 41),

τ_2^k die Drehung des Kopfes von Pfeiler (2) durch ein Pfeilerkopfmoment $M_2^k = 1$ (Fig. 41 a), und

τ_2^r die Drehung in (2) des Balkens rechts von (2) durch ein Moment $M_2^r = 1$ (Fig. 41 a).

Der Drehwinkel τ_2^k wird je nach dem Fall aus den Formeln (41, 42, 49, 50, 52, 53, 56 oder 57) ermittelt; τ_2^r folgt analog wie τ_1^l (siehe Gl. [94]) zu:

$$\tau_2^r = \alpha_1'' - \frac{b''}{1'' - b''} \cdot \alpha_2'' \quad \ldots \ldots \text{(113}$$

Mit den Werten von β_1 aus Formel (97) und β_2 aus Formel (99) geht die allgemeine Hauptformel (110) in die

Hauptformel

$$b = \frac{1 \cdot \sum_0^1 w \cdot z - \sum_0^1 w \cdot z^2}{1 \cdot \sum_0^1 w - \sum_0^1 w \cdot z + 1 \cdot E \cdot \tau_2^{*r}} \quad \ldots \text{(114}$$

über, mittels welcher wir am kontinuierlichen Balken mit veränderlichem Trägheitsmoment den Abstand b eines beliebigen Fixpunktes K aus dem bekannten Abstand b'' des benachbarten rechten Fixpunktes K'' berechnen, wobei wir in der letzten Öffnung rechts beginnen:

Rechter Fixpunkt K in der letzten Öffnung rechts.

Fall 1:

Der Balken liegt an seinem rechten Ende frei auf: Dann ist

$$b = 0 \quad \ldots \ldots \ldots \text{(115}$$

Fall 2:

Der Balken ist an seinem rechten Ende fest eingespannt:

Dann ist $\tau_2^{*r} = 0$ und aus Hauptformel (114) folgt:

$$b = \frac{1 \cdot \sum_0^1 w \cdot z - \sum_0^1 w \cdot z^2}{1 \cdot \sum_0^1 w - \sum_0^1 w \cdot z} \quad \ldots \text{(116}$$

Fall 3:

Der Balken hat an seinem rechten Ende eine elastisch drehbare Stütze (Säule, Pfeiler):

Dann ist τ_2^{*r} gleich der Drehung τ_2^k des Pfeilers (2), und wir erhalten:

$$b = \frac{1 \cdot \sum_0^1 w \cdot z - \sum_0^1 w \cdot z^2}{1 \cdot \sum_0^1 w - \sum_0^1 w \cdot z + 1 \cdot E \cdot \tau_2^k} \quad \ldots \text{(117}$$

Rechter Fixpunkt K in einer beliebigen Mittelöffnung und in der ersten Öffnung links.

Fall 1:

Der Balken liegt auf der Stütze (2) zwischen der Öffnung 1, in welcher K gesucht wird, und der benachbarten rechten Öffnung 1'' mit dem bekannten Fixpunktabstand b'' frei auf.

Nach der Definition des Winkels τ_2^{*r} ist dann $\tau_2^{*r} = \tau_2^r$, und nach der Hauptformel (114) erhalten wir:

$$b = \frac{1 \cdot \sum_0^1 w \cdot z - \sum_0^1 w \cdot z^2}{1 \cdot \sum_0^1 w - \sum_0^1 w \cdot z + 1 \cdot E \cdot \tau_2^r} \quad \ldots \text{(118}$$

Den in Gl. (118) vorkommenden Wert τ_2^r bestimmen wir nach Gl. (113), indem wir in letztere

α_1'' aus Gl. (96) und α_2'' aus Gl. (98) einsetzen; wir erhalten dann sowohl für den symmetrischen wie unsymmetrischen Träger:

$$r_2^r = \frac{\sum\limits_0^{l''} w \cdot z^2 - b'' \cdot \sum\limits_0^{l''} w \cdot z}{E \cdot l'' \cdot (l'' - b'')} \qquad . \ . \ (119$$

Ist dabei l'' eine Endöffnung mit frei drehbarer Stütze rechts, d. h. mit $b'' = 0$, so folgt aus Gl. (119):

$$r_2^r = \frac{\sum\limits_0^{l''} w \cdot z^2}{E \cdot l''^2} \ \ . \ . \ . \ . \ . \ . \ (119\,a$$

Fall 2:

Die Stütze (2) zwischen der Öffnung 1, in welcher K gesucht wird, und der benachbarten rechten Öffnung l'' besteht aus einem mit dem Balken elastisch verbundenen Pfeiler:

Dann gilt die unveränderte allgemeine Gl (114).

2. Sonderfälle.

Als Sonderfälle des vorhergehend behandelten kontinuierlichen Balkens mit beliebig veränderlichem Trägheitsmoment auf elastisch drehbaren Pfeilern betrachten wir den kontinuierlichen Balken mit konstantem, jedoch von Öffnung zu Öffnung sprungweise veränderlichem Trägheitsmoment, und den kontinuierlichen Balken mit über seiner ganzen Länge konstantem Trägheitsmoment.

In den nachstehenden Formeln bedeutet T das konstante Trägheitsmoment in der Öffnung 1, in welcher die Fixpunktabstände a und b gesucht werden, während T' das konstante Trägheitsmoment in der linken Nachbaröffnung l' und T'' das konstante Trägheitsmoment in der rechten Nachbaröffnung l'' bezeichnet.

Die in den Hauptformeln (87) und (110) vorkommenden Winkeldrehungen α und β ermitteln wir als die Auflagerdrücke (Satz IV) am frei aufliegenden Balken (1) (2), welcher mit der aus der Dreiecksmomentenfläche infolge $M_1 = 1$ bezw. $M_2 = 1$ abgeleiteten $\frac{1}{E \cdot T}$-fachen (reduzierten) Momentenfläche belastet ist; da nun T in der betrachteten Öffnung konstant vorausgesetzt wurde, so ist die reduzierte Momentenfläche ebenfalls ein Dreieck und wir erhalten:

$$\alpha_1 = \beta_2 = \frac{l}{3 \cdot E \cdot T}$$

und

$$\alpha_2 = \beta_1 = \frac{l}{6 \cdot E \cdot T}$$

a) Kontinuierlicher Balken mit konstantem, jedoch von Öffnung zu Öffnung sprungweise veränderlichem Trägheitsmoment.

Linke Balkenfixpunkte J.

Setzen wir die soeben ermittelten Drehwinkel α_1 u. α_2 in die Hauptformel (87) ein, so ergibt sich für den Abstand a der linken Balkenfixpunkte J die Hauptformel:

$$a = \frac{l^2}{3 \cdot l + 6 \cdot T \cdot E \cdot r_1^{*l}} \ \ . \ . \ . \ . \ (120$$

hierin ist r_1^{*l} nach Gl. (93) und in letztere r_1^l nach Gl. (94) einzuführen.

Erste Öffnung links.

Fall 1: Liegt der Balken an seinem linken Ende frei auf, so ist

$$a = 0.$$

Fall 2: Ist der Balken an seinem linken Ende fest eingespannt, so ist

$$a = \frac{l}{3} \, .$$

Fall 3: Hat der Balken an seinem linken Ende eine elastisch drehbare Stütze, so ist

$$a = \frac{l^2}{3 \cdot l + 6 \cdot T \cdot E \cdot r_1^k} \ \ . \ . \ . \ . \ (121$$

Beliebige Mittelöffnung und letzte Öffnung rechts.

Fall 1: Liegt der Balken auf der Stütze (1) zwischen der Öffnung 1, in welcher J gesucht wird, und der benachbarten linken Öffnung l' mit dem bekannten Fixpunktabstand a' frei auf, so ist in Gl. (120) $r_1^{*l} = r_1^l$ zu setzen, wobei r_1^l nach Gl. (94) den Wert hat:

$$r_1^l = \frac{l' \cdot (2 \cdot l' - 3 \cdot a')}{6 \cdot E \cdot T' \cdot (l' - a')} \ \ . \ . \ . \ . \ (121\,a$$

Diesen Wert in die Gl. (120) eingesetzt gibt:

$$a = \frac{l^2}{3 \cdot l + \dfrac{l' \cdot (2 \cdot l' - 3 \cdot a')}{l' - a'} \cdot \dfrac{T}{T'}} \ \ . \ . \ (122$$

Ist dabei l' eine Endöffnung mit frei drehbarer Stütze links, d. h. mit $a' = 0$, so folgt:

$$a = \frac{l^2}{3 \cdot l + 2 \cdot l' \cdot \dfrac{T}{T'}} \ \ . \ . \ . \ . \ (122\,a$$

Fall 2: Besteht die Stütze (1) zwischen der Öffnung 1, in welcher J gesucht wird, und der benachbarten linken Öffnung l' aus einem mit dem Balken elastisch verbundenen Pfeiler, so ist in Gl. (93) der Wert von r_1^l aus Gl. (121a) einzusetzen, wobei wir in Gl. (93) zur Vereinfachung Zähler und Nenner durch $\tau_1^k \cdot \tau_1^l$ dividieren; es ist:

$$\tau_1^{*l} = \cfrac{1}{\cfrac{1}{\tau_1^k} + \cfrac{6 \cdot E \cdot T' \cdot (l' - a')}{l' \cdot (2 \cdot l' - 3 \cdot a')}}$$

womit wir durch Einsetzen in Gl. (120) erhalten:

$$a = \cfrac{l^2}{+\cfrac{1}{\cfrac{1}{6 \cdot T \cdot E \cdot \tau_1^k} + \cfrac{l' - a'}{l' \cdot (2 \cdot l' - 3 \cdot a')} \cdot \cfrac{T'}{T}}} \qquad (123$$

Ist dabei l' eine Endöffnung mit frei drehbarer Stütze links, d. h. mit $a' = 0$, so folgt:

$$a = \cfrac{l^2}{3 \cdot l + \cfrac{1}{\cfrac{1}{6 \cdot E \cdot T \cdot \tau_1^k} + \cfrac{1}{2 \cdot l'} \cdot \cfrac{T'}{T}}} \qquad (123a$$

Rechte Balkenfixpunkte K.

Setzen wir die oben ermittelten Drehwinkel β_1 und β_2 in die Hauptformel (110) ein, so ergibt sich für den Abstand b der **rechten Balkenfixpunkte K** die Hauptformel:

$$b = \cfrac{l^2}{3 \cdot l + 6 \cdot T \cdot E \cdot \tau_2^{*r}} \qquad \ldots \ (124$$

hierin ist τ_2^{*r} nach Gl. (111) und in letztere τ_2^r nach Gl. (113) einzuführen.

Letzte Öffnung rechts.

Fall 1: Liegt der Balken an seinem rechten Ende frei auf, so ist

$$b = 0.$$

Fall 2: Ist der Balken an seinem rechten Ende fest eingespannt, so ist

$$b = \frac{l}{3}.$$

Fall 3: Hat der Balken an seinem rechten Ende eine **elastisch drehbare Stütze**, so ist

$$b = \cfrac{l^2}{3 \cdot l + 6 \cdot T . E \cdot \tau_2^k} \qquad \ldots \ (125$$

Beliebige Mittelöffnung und erste Öffnung links.

Fall 1: Liegt der Balken auf der Stütze (2) zwischen der Öffnung 1, in welcher K gesucht wird, und der benachbarten rechten Öffnung l'' mit dem bekannten Fixpunktabstand b'' frei auf, so ist in Gl. (124) $\tau_2^{*r} = \tau_2^r$ zu setzen, wobei τ_2^r nach Gl. (113) den Wert hat:

$$\tau_2^r = \cfrac{l'' \cdot (2 \cdot l'' - 3 \cdot b'')}{6 \cdot E \cdot T'' \cdot (l'' - b'')} \qquad \ldots \ (125a$$

Diesen Wert in die Gl. (124) eingesetzt gibt:

$$b = \cfrac{l^2}{3 \cdot l + \cfrac{l'' \cdot (2 \cdot l'' - 3 \cdot b'')}{l'' - b''} \cdot \cfrac{T}{T''}} \qquad \ldots \ (126$$

Ist dabei l'' eine Endöffnung mit frei drehbarer Stütze rechts, d. h. mit $b'' = 0$, so folgt:

$$b = \cfrac{l^2}{3 \cdot l + 2 \cdot l'' \cdot \cfrac{T}{T''}} \qquad \ldots \ (126a$$

Fall 2: Besteht die Stütze (2) zwischen der Öffnung 1, in welcher K gesucht wird, und der benachbarten rechten Öffnung l'' aus einem mit dem Balken **elastisch verbundenen Pfeiler** so ist in Gl. (111) der obige Wert von τ_2^r einzusetzen, wobei wir in Gl. (111) zur Vereinfachung Zähler und Nenner durch $\tau_2^k \cdot \tau_2^r$ dividieren; es ist

$$\tau_2^{*r} = \cfrac{1}{\cfrac{1}{\tau_2^k} + \cfrac{6 \cdot E \cdot T'' \cdot (l'' - b'')}{l'' \cdot (2 \cdot l'' - 3 \cdot b'')}} \, ,$$

womit wir durch Einsetzen in Gl. (124) erhalten:

$$b = \cfrac{l^2}{3 \cdot l + \cfrac{1}{\cfrac{1}{6 \cdot T \cdot E \cdot \tau_2^k} + \cfrac{l'' - b''}{l'' \cdot (2 \cdot l'' - 3 \cdot b'')} \cdot \cfrac{T''}{T}}}$$

$$(127$$

Ist dabei l'' eine Endöffnung mit frei drehbarer Stütze rechts, d. h. mit $b'' = 0$, so folgt

$$b = \cfrac{l^2}{3 \cdot l + \cfrac{1}{\cfrac{1}{6 \cdot E \cdot T \cdot \tau_2^k} + \cfrac{1}{2 \cdot l''} \cdot \cfrac{T''}{T}}} \qquad (127a$$

b) **Kontinuierlicher Balken mit konstantem Trägheitsmoment auf die ganze Balkenlänge.**

Um die linken und rechten Fixpunktabstände a und b am kontinuierlichen Balken mit durchgehend konstantem Trägheitsmoment T zu erhalten, setzen wir in den unter a) für konstantes, jedoch von Öffnung zu Öffnung sprungweise veränderliches Trägheitsmoment abgeleiteten Formeln $T = T' = T''$, wodurch sich dieselben entsprechend vereinfachen.

Kapitel III.
Ermittlung der Pfeilerfixpunkte bei senkrechter Balkenbelastung (Pfeiler unbelastet).

I. Fixpunkt am unbelasteten Pfeiler mit Fußeinspannung.

Wir denken uns den Pfeiler am Kopfe durch einen Schnitt vom Balken getrennt, mit dem durch die Balkenbelastung hervorgerufenen Pfeilerkopfmoment (Schnittmoment) M^k belastet und wegen der vorausgesetzten horizontalen Unverschiebbarkeit des Pfeilerkopfes in einem Kopfgelenk gelagert. Der am Kopfgelenk auftretende horizontale Auflagerdruck sei $M^k \cdot H_m'$, worin H_m' den Auflagerdruck durch $M^k = 1$ bedeutet. Das Moment M in einem beliebigen Pfeilerquerschnitt im Abstand y vom Kopfgelenk beträgt dann, wie an Hand der Fig. 17a und 17b ersichtlich:

$$M = M^k — M^k \cdot H_m' \cdot y \quad \ldots \quad (128$$

Um die Nullpunkte der durch Gl. (128) bestimmten Pfeilermomentenfläche zu ermitteln, setzen wir M = 0; dann folgt aus Gl. (128) der Abstand y_0 der Nullpunkte vom Kopfgelenk zu:

$$y_0 = \frac{1}{H_m'} \quad \ldots \ldots \quad (129$$

Diese Gleichung ist vom ersten Grade, weshalb nur ein Momentennullpunkt vorhanden ist.

Ist das Trägheitsmoment T_s auf der Strecke h konstant und auf der Strecke f sehr groß (Fig. 17), so erhält man für diesen Fall y_0 aus Gl. (129) durch Einsetzen des Wertes H_m' aus Gl. (40) zu:

$$y_0 = \frac{2 \cdot h^2 + 6 \cdot h \cdot f + 6 \cdot f^2}{3 \cdot h + 6 \cdot f} \quad \ldots \quad (130$$

Bei Mittelpfeilern mit verhältnismäßig großer Höhe h oder bei großem Pfeilerträgheitsmoment T_s und niedrigem Balken (kleinem Balkenträgheitsmoment), sowie stets bei Endpfeilern kann man f = 0 und h gleich der Entfernung zwischen der Einspannungsstelle und dem Schnittpunkt von Balken- und Pfeilerachse setzen; dann folgt mit f = 0 aus Gl. (130):

$$y_0 = \frac{2}{3} \cdot h \quad \ldots \ldots \quad (131$$

Hat der Pfeiler veränderliches Trägheitsmoment, so erhalten wir durch Einsetzen des Wertes H_m' aus Gl. (48) in Gl. (129):

$$y_0 = \frac{\sum\limits_{0}^{h} \frac{\Delta s}{T_s} \cdot (f + y)^2}{\sum\limits_{0}^{h} \frac{\Delta s}{T_s} \cdot (f + y)} \quad \ldots \ldots \quad (132$$

und für f = 0 (vergl. oben)

$$y_0 = \frac{\sum\limits_{0}^{h} \frac{\Delta s}{T_s} \cdot y^2}{\sum\limits_{0}^{h} \frac{\Delta s}{T_s} \cdot y} \quad \ldots \ldots \quad (133$$

Nach den Formeln (130) bis (133) ist die Lage der Momentennullpunkte W_A, W_B, W_C und W_D der Pfeiler A, B, C und D (Fig. 1) unabhängig vom Kopfmoment und nur abhängig von den Abmessungen der Pfeiler; die Punkte W_A, W_B, W_C und W_D sind daher **feste Punkte oder Fixpunkte.**

II. Fixpunkt am unbelasteten Pfeiler mit Fußgelenk.

Die Momentenfläche des sowohl am Fuße wie am Kopfe gelenkartig gelagerten und mit dem Kopfmoment M^k belasteten Pfeilers besteht aus einem Dreieck, dessen Momentenordinate am Pfeilerkopf gleich M^k und am Fuß gleich Null ist. Am Pfeiler mit Fußgelenk fällt also der Pfeilerfixpunkt mit dem Fußgelenk zusammen.

Kapitel IV.
Ermittlung der Verkleinerungskoeffizienten μ.

Die in der Einleitung angeführten Koeffizienten μ werden zur Bestimmung der Momentenflächen benötigt.

I. Graphische Bestimmung der Koeffizienten μ.

Nach Gl. (3) erhält man durch Einsetzen von $M_B^l = BB'$ und $M_B^r = BB''$ (Fig. 1):

$$\mu_B^l = \frac{BB'}{BB''} \quad \ldots \ldots \quad (134$$

Um das Verhältnis der vorläufig noch unbekannten Größen BB' und BB'' durch dasjenige von bereits bekannten Konstruktionslinien - Abschnitten allgemein auszudrücken, beachten wir, daß im elastischen Tangentenpolygon (Fig. 6) das Produkt von B_2B_2' mit der Polweite $H = 1$ gleich dem statischen Moment der Kraft F_2', und daß das Produkt von B_2B_2'' mit der Polweite $H = 1$ gleich dem statischen Moment der Kraft $(F_3' + F_4')$ in bezug auf die verschränkte Drittellinie bei B ist, d. h.

$$B_2B_2' = F_2' \cdot v_{1-2}^l \quad \ldots \ldots \quad (135$$

und

$$B_2B_2'' = (F_3' + F_4') \cdot v_{1-2}^r \quad \ldots \quad (136$$

Aus den Gl. (135) u. (136) folgt durch Division:

$$\frac{B_2B_2'}{B_2B_2''} = \frac{F_2'}{F_3' + F_4'} \cdot \frac{v_{1-2}^l}{v_{1-2}^r} \quad \ldots \quad (137$$

In vorstehende Gleichung setzen wir die Werte von v_{1-2}^l und v_{1-2}^r aus den Gl. (12) u. (13) ein; wir erhalten:

$$\frac{B_2B_2'}{B_2B_2''} = \frac{F_2'}{F_3' + F_4'} \cdot \frac{\dfrac{F_3'}{F_2' + F_3'}(d_1^r + d_2^l)}{\dfrac{F_2'}{F_2' + F_3'}(d_1^r + d_2^l)} = \frac{F_3'}{F_3' + F_4'}$$

$$(138$$

Die in Gl. (138) vorkommenden reduzierten Momentenflächen F_3' und $(F_3' + F_4')$ der Fig. 1 können wir an Hand der reduzierten Momentenfläche der Fig. 12 ermitteln, wenn wir in der letzteren h durch die der Fig. 1 entnommenen Momentenordinaten BB' bezw. BB'' ersetzen; dann erhalten wir:

$$F_3' = \sum_0^{l_2} \frac{\varDelta s \cdot z \cdot BB'}{E \cdot T \cdot l_2} = \frac{BB'}{E \cdot l_2} \sum_0^{l_2} \frac{\varDelta s \cdot z}{T} \quad . \quad . \text{ (139}$$

und

$$F_3' + F_4' = \sum_0^{l_2} \frac{\varDelta s \cdot z \cdot BB''}{E \cdot T \cdot l_2} = \frac{BB''}{E \cdot l_2} \cdot \sum_0^{l_2} \frac{\varDelta s \cdot z}{T} \quad . \text{ (140}$$

Setzen wir die Werte dieser beiden Gleichungen in Gl. (138) ein, so folgt:

$$\frac{B_2 B_2'}{B_2 B_2''} = \frac{\dfrac{BB'}{l_2} \cdot \sum\limits_0^{l_2} \dfrac{\varDelta s \cdot z}{T}}{\dfrac{BB''}{l_2} \cdot \sum\limits_0^{l_2} \dfrac{\varDelta s \cdot z}{T}} = \frac{BB'}{BB''} = \mu_B^l \quad . \quad . \text{ (141}$$

Wir erhalten also

$$\mu_B^l = \frac{B_2 B_2'}{B_2 B_2''} \quad . \quad . \quad . \quad . \quad . \quad . \text{ (142}$$

Da nun die Konstruktionslinien der Fig. 7, welche zu den Fixpunkten führen, in demselben Verhältnis zueinander stehen wie die entsprechenden Seiten des elastischen Tangentenpolygons der Fig. 6, so ist auch:

$$\frac{B_2 B_2'}{B_2 B_2''} = \frac{B_4 B_4'}{B_4 B_4''} \quad . \quad . \quad . \quad . \quad . \text{ (143}$$

und der Wert μ_B^l ergibt sich schließlich zu:

$$\mu_B^l = \frac{B_4 B_4'}{B_4 B_4''} \quad . \quad . \quad . \quad . \quad . \quad . \text{ (144}$$

d. h. man erhält graphisch μ_B^l aus den Konstruktionslinien der Fixpunkte (Fig. 7) durch Abmessen der Strecken $B_4 B_4'$ und $B_4 B_4''$ auf der verschränkten Drittellinie und Einsetzen dieser Strecken in Gl. (144). Dabei ist zu bemerken, daß der Verkleinerungskoeffizient μ_B^l beim Überschreiten der Stütze B nach links aus dem Viereck $U''B_4'PT''$ hervorgeht, welches zur Konstruktion des Fixpunktes J_2 rechts von B führt.

Analog erhält man den Verkleinerungskoeffizienten μ_B^r beim Überschreiten der Stütze B nach rechts aus dem Viereck $T''B_4'''P'U''$ (Fig. 7), welches zur Konstruktion des Fixpunktes K_1 links von B führt, und zwar ist:

$$\mu_B^r = \frac{B_4 B_4'''}{B_4 B_4''''} \quad . \quad . \quad . \quad . \quad . \quad . \text{ (145}$$

An den übrigen elastisch drehbaren Mittelpfeilern C und D ergeben sich die Verkleinerungskoeffizienten beim Überschreiten derselben nach links und rechts in der genau gleichen einfachen Weise aus Fig. 7, in welcher alle nötigen Konstruktionslinien ersichtlich sind.

Liegt der Balken an einer Mittelstütze frei auf, beispielsweise in B, so fällt der Punkt P (Fig. 6) mit B_2', und damit B_2'' ebenfalls mit B_2' zusammen; dann erhalten wir für diesen Grenzfall:

$$\mu_B^l = \frac{B_2 B_2'}{B_2 B_2'} = 1 \quad . \quad . \quad . \quad . \text{ (146}$$

d. h. die Balkenmomente unmittelbar links und rechts der Auflagersenkrechten durch B sind einander gleich.

Da die zwei Strecken, als deren Verhältnis die Verkleinerungskoeffizienten μ ausgedrückt sind, sich aus den Konstruktionslinien zur Bestimmung der Fixpunkte ergeben, so gilt die vorstehend erläuterte graphische Ermittlung dieser Koeffizienten für den kontinuierlichen Balken auf elastisch drehbaren Stützen mit beliebig veränderlichem, sprungweise veränderlichem und konstantem Trägheitsmoment.

II. Analytische Bestimmung der Koeffizienten μ.

Ist ein Stützenmoment über einen Pfeiler (Säule) hinweg fortzupflanzen, so ermitteln wir die entsprechenden Koeffizienten μ nach den allgemeinen Formeln (92) und (112).

Die Multiplikation des über einen Pfeiler hinweg fortzupflanzenden Stützenmomentes mit dem entsprechenden Koeffizienten μ kann man entweder rechnerisch vornehmen oder auch graphisch wie folgt ausführen:

a) Wurde μ graphisch als Verhältnis von zwei Strecken aus den Konstruktionslinien zur graphischen Bestimmung der Fixpunkte ermittelt, so erhalten wir beispielsweise in Fig. 1 das Produkt $\mu_B^l \cdot BB'' = BB'$ beim Überleiten des Stützenmomentes BB'' über den Pfeiler B in die linke Nachbaröffnung, indem wir (siehe Fig. 1) auf der Senkrechten durch B die der Fig. 7 entnommene Strecke $B_4 B_4''$ von B aus auftragen, aus dem Endpunkt der letzteren als Mittelpunkt mit einem Radius gleich der aus Fig. 7 entnommenen Strecke $B_4 B_4'$ einen Kreisbogen schlagen und an letzteren von B aus eine Tangente ziehen; tragen wir jetzt auf der Senkrechten durch B (Fig. 1) von B aus die Momentenordinate BB'' auf, so ist das Lot, welches wir vom Endpunkt dieser Strecke auf die vorgenannte Tangente fällen, gleich dem Produkt $\mu_B^l \cdot BB''$.

3*

b) Wurde der Koeffizient μ_B^l im vorgenannten Falle des Überschreitens des Pfeilers B durch das Stützenmoment BB'' rechnerisch als Zahl ermittelt, so trägt man zur Bestimmung des vorbeschriebenen Verwandlungswinkels (Fig. 1) auf der Senkrechten durch B in beliebigem Maßstabe die Zahl Eins auf, schlägt aus dem Endpunkt dieser Strecke mit der in demselben Maßstabe abgegriffenen Zahl μ_B^l als Radius einen Kreisbogen und zieht an letzteren von B aus eine Tangente; die graphische Multiplikation erfolgt dann wie vorhin unter a).

Sonderfall:

Der kontinuierliche Balken besitzt an einem Ende einen belasteten Ausleger, d. h. es wird an einem Ende ein Moment in die Konstruktion eingeleitet.

Der in Fig. 42 dargestellte kontinuierliche Balken ABC auf den elastisch drehbaren Pfeilern

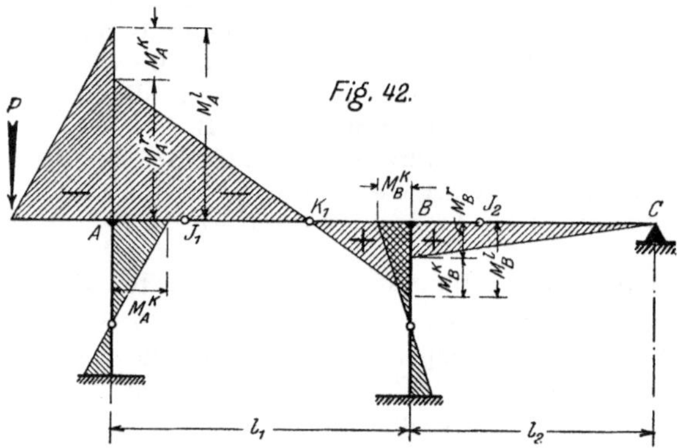

A und B und der frei drehbaren Stütze C, an welcher der Balken festgehalten ist, besitzt an seinem linken Ende einen Ausleger, auf welchen die beliebige Belastung P aufgebracht ist. Die Belastung P erzeugt im Querschnitt unmittelbar links von A das Kragmoment M_A^l, welches sich nach rechts über den Balken und die Pfeiler fortpflanzt und dabei die in Fig. 42 skizzierte Momentenfläche hervorruft. Beim Überschreiten des Pfeilers A nach rechts spaltet M_A^l sich zunächst in das Stützenmoment unmittelbar rechts von A:

$$M_A^r = \mu_A^r \cdot M_A^l$$

und in das Pfeilerkopfmoment

$$M_A^k = (1 - \mu_A^r) \cdot M_A^l,$$

worin für μ_A^r nach Gl. (112) einzusetzen ist:

$$\mu_A^r = \frac{\iota_A^k}{\iota_A^k + \iota_A^r}.$$

Würde der Balken in A frei aufliegen, so wären die beiden Stützenmomente unmittelbar links und rechts von A einander gleich.

Kapitel V.

Ermittlung der Momente, Horizontalschübe, Querkräfte und Auflagerdrücke am kontinuierlichen Balken auf elastisch drehbaren Pfeilern mit horizontal unverschieblichen Pfeilerköpfen infolge lotrechter Balkenbelastung.

I. Momente am Balken.

1. Entwicklung des Verfahrens.

Das Verfahren, welches wir zur Bestimmung der Momente am kontinuierlichen Balken infolge lotrechter Balkenbelastung anwenden, entwickeln wir an dem in Fig. 1 dargestellten kontinuierlichen Balken mit beliebig veränderlichem Trägheitsmoment auf elastisch drehbaren Pfeilern mit horizontal unverschieblichen Pfeilerköpfen, welcher in der zweiten Öffnung mit den beliebigen Kräften P_1, P_2 und P_3 belastet ist.

Wir nehmen an, die Balken- und Pfeilerfixpunkte sowie die Verkleinerungskoeffizienten μ seien nach den vorhergehenden Kapiteln ermittelt; es ist dann, wie bereits früher erwähnt, leicht, die gesamte Momentenfläche zu bestimmen, sobald in der belasteten Öffnung die beiden Stützenmomente $M_B^r = BB''$ und $M_C^l = CC''$ (Fig. 1) ermittelt sind. Wir setzen diese Momente vorläufig als bekannt voraus, ziehen die Schlußlinie $B''C''$ (Fig. 1), bestimmen deren Schnittpunkte J_2' und K_2' mit den Vertikalen durch die Fixpunkte J_2 und K_2, ziehen die zwei sich kreuzenden und daher „Kreuzlinien" genannten Geraden BJ_2' und CK_2' und ermitteln die Strecken $k_B = BB'''$ und $k_C = CC'''$, welche die Kreuzlinien auf den Auflagersenkrechten durch B und C abschneiden und welche daher „Kreuzlinienabschnitte" genannt werden. Gehen wir jetzt den umgekehrten Weg und tragen (Fig. 1) die nach irgend einem Verfahren ermittelten Kreuzlinienabschnitte $k_B = BB'''$ und $k_C = CC'''$ auf den Auflagersenkrechten durch B und C ab, ziehen die Kreuzlinien BC''' und CB''' und bestimmen die Schnittpunkte J_2' und K_2' derselben mit den Vertikalen durch J_2 und K_2, so schneidet die Verbindungslinie $J_2'K_2'$ die Stützenmomente BB'' und CC'' auf den Vertikalen durch B und C ab und bildet daher die Schlußlinie der belasteten Öffnung.

Zur Bestimmung dieser Kreuzlinienabschnitte stellen wir die folgenden Beziehungen fest zwischen den Strecken BB'' und BB''' bezw. CC'' und CC''' der Fig. 1 und den Strecken B_1B_1'' und $B_1''B_1'''$ bezw. C_1C_1'' und $C_1''C_1'''$, welche in Fig. 6 von den Seilseiten e und f des elastischen Tangentenpolygons auf den Vertikalen durch B und C abgeschnitten werden

Bezeichnen wir (Fig. 1) den Abstand des linken bezw. des rechten Fixpunktes der zweiten

Offnung vom benachbarten Auflager mit a_2 bezw. b_2, so folgt aus dem überschlagenen Viereck $BB''J_2'C''C'''$:

$$\frac{BB''}{C''C'''} = \frac{a_2}{l_2 - a_2} \quad \ldots \ldots \quad (147$$

und aus dem überschlagenen Viereck $CC''K_2'B''B'''$

$$\frac{CC''}{B''B'''} = \frac{b_2}{l_2 - b_2} \quad \ldots \ldots \quad (148$$

Desgleichen erhalten wir aus dem überschlagenen Viereck $B_1''B_1J_2C_1C_1'''$ der Fig. 6:

$$\frac{B_1B_1''}{C_1C_1'''} = \frac{a_2}{l_2 - a_2} \quad \ldots \ldots \quad (149$$

und aus dem überschlagenen Viereck $C_1''C_1K_2B_1B_1'''$

$$\frac{C_1C_1''}{B_1B_1'''} = \frac{b_2}{l_2 - b_2} \quad \ldots \ldots \quad (150$$

Setzen wir die Gl. (147) u. (149) sowie die Gl. (148) und (150) einander gleich, so folgt:

$$\frac{BB''}{C''C'''} = \frac{B_1B_1''}{C_1C_1'''} \quad \ldots \ldots \quad (151$$

und

$$\frac{CC''}{B''B'''} = \frac{C_1C_1''}{B_1B_1'''} \quad \ldots \ldots \quad (152$$

Aus den Gl. (151) u. (152) erhalten wir schließlich

$$\frac{B_1B_1''}{BB''} = \frac{C_1C_1'''}{C''C'''} \quad \ldots \ldots \quad (153$$

und

$$\frac{C_1C_1''}{CC''} = \frac{B_1B_1'''}{B''B'''} \quad \ldots \ldots \quad (154$$

Um die in den Gl. (153) und (154) vorkommenden Verhältnisse näher auszudrücken, beachten wir, daß in Fig. 6 die mit der Polweite $H = 1$ multiplizierte Strecke B_1B_1'', welche durch die zwei von der Kraft $(F_3' + F_4')$ ausgehenden Seilseiten c und e auf der Stützensenkrechten durch B abgeschnitten wird, gleich dem statischen Moment der Kraft $(F_3' + F_4')$ in bezug auf B ist, d. h.

$$B_1B_1'' = (F_3' + F_4') \cdot d_2^l \quad \ldots \ldots \quad (155$$

desgleichen ist die mit der Polweite $H = 1$ multiplizierte Strecke C_1C_1'', welche durch die zwei von der Kraft $(F_6' + F_7')$ ausgehenden Seilseiten f und h auf der Stützensenkrechten durch C abgeschnitten wird, gleich dem statischen Moment der Kraft $(F_6' + F_7')$ in bezug auf C, d. h.

$$C_1C_1'' = (F_6' + F_7') \cdot d_2^r \quad \ldots \ldots \quad (156$$

Die in Gl. (155) vorkommende, dem gesuchten Stützenmoment BB'' (Fig. 1) entsprechende reduzierte Momentenfläche $(F_3' + F_4')$ können wir an Hand der Fig. 12 ausdrücken, wenn wir in der letzteren h durch BB'' ersetzen; wir erhalten

$$(F_3' + F_4') = \sum_0^{l_2} \frac{\varDelta s \cdot z \cdot BB''}{E \cdot T \cdot l_2} = \frac{BB''}{E \cdot l_2} \cdot \sum_0^{l_2} \frac{\varDelta s \cdot z}{T}$$
$$(157$$

desgleichen können wir die in Gl. (156) vorkommende, dem gesuchten Stützenmoment CC'' (Fig. 1) entsprechende reduzierte Momentenfläche $(F_6' + F_7')$ an Hand der Fig. 9 ausdrücken, wenn wir in der letzteren h durch CC'' ersetzen; wir erhalten:

$$\begin{aligned} (F_6' + F_7') &= \sum_0^{l_2} \frac{\varDelta s \cdot (l_2 - z) \cdot CC''}{E \cdot T \cdot l_2} \\ &= \frac{CC''}{E \cdot l_2} \sum_0 \frac{\varDelta s \cdot (l_2 - z)}{T} \end{aligned} \quad \Bigg\} \quad (158$$

Setzen wir jetzt in die Gl. (155) und (156) die Werte der Gl. (157) und (158) sowie die Werte von d_2^l und d_2^r nach den Gl. (9) und (11) ein, so folgt

$$B_1B_1'' = \frac{BB''}{E \cdot l_2} \cdot \sum_0^{l_2} \frac{\varDelta s}{T} \cdot z \cdot \frac{\displaystyle\sum_0^{l_2} \frac{\varDelta s}{T} \cdot z \cdot (l_2 - z)}{\displaystyle\sum_0^{l_2} \frac{\varDelta s}{T} \cdot z}$$

oder

$$B_1B_1'' = BB'' \cdot \frac{\displaystyle\sum_0^{l_2} \frac{\varDelta s}{T} \cdot z \cdot (l_2 - z)}{E \cdot l_2} \quad \ldots \quad (159$$

$$C_1C_1'' = \frac{CC''}{E \cdot l_2} \cdot \sum_0^{l_2} \frac{\varDelta s (l_2 - z)}{T} \cdot \frac{\displaystyle\sum_0^{l_2} \frac{\varDelta s}{T} \cdot z \cdot (l_2 - z)}{\displaystyle\sum_0^{l_2} \frac{\varDelta s}{T} \cdot (l_2 - z)}$$

oder

$$C_1C_1'' = CC'' \cdot \frac{\displaystyle\sum_0^{l_2} \frac{\varDelta s}{T} \cdot z \cdot (l_2 - z)}{E \cdot l_2} \quad \ldots \quad (160$$

Setzen wir darin abkürzungsweise

$$\frac{\displaystyle\sum_0^{l_2} \frac{\varDelta s}{T} \cdot z \cdot (l_2 - z)}{E \cdot l_2} = \varepsilon \quad \ldots \ldots \quad (161$$

so erhalten wir aus den Gl. (159) und (160):

$$\frac{B_1B_1''}{BB''} = \varepsilon \quad \ldots \ldots \quad (162$$

und

$$\frac{C_1C_1''}{CC''} = \varepsilon \quad \ldots \ldots \quad (163$$

Führen wir die Werte der Gl. (162) und (163) in die Gl. (153) und (154) ein, so folgt:

$$\varepsilon = \frac{B_1 B_1{}''}{BB''} = \frac{C_1 C_1{}''}{CC''} = \frac{C_1 C_1{}'''}{C''C'''} = \frac{B_1 B_1{}'''}{B''B'''} \quad (164$$

Aus dieser Gleichung ergibt sich

$$\varepsilon = \frac{B_1 B_1{}'' + B_1 B_1{}'''}{BB'' + B''B'''} = \frac{B_1{}''B_1{}'''}{k_B} \quad . \ . \ (165$$

und

$$\varepsilon = \frac{C_1 C_1{}'' + C_1 C_1{}'''}{CC'' + C''C'''} = \frac{C_1{}''C_1{}'''}{k_C} \quad . \ . \ (166$$

Aus den Gl. (165) und (166) erhalten wir schließlich die gesuchten Kreuzlinienabschnitte k_B und k_C zu

$$k_B = \frac{B_1{}''B_1{}'''}{\varepsilon} \quad . \ . \ . \ . \ . \ (167$$

und

$$k_C = \frac{C_1{}''C_1{}'''}{\varepsilon} \quad . \ . \ . \ . \ . \ (168$$

Die Zähler und Nenner der Gl. (167) und (168) haben folgende Bedeutung:

a) Die Seilseiten e und f, welche sich auf der bekannten Kraft F_5' kreuzen (Fig. 6), schneiden auf den Stützensenkrechten durch B und C die Strecken $B_1{}''B_1{}'''$ und $C_1{}''C_1{}'''$ ab; das Produkt dieser Strecken mit der Polweite $H = 1$ ist daher gleich dem statischen Moment der $\frac{1}{E \cdot T}$ fachen (reduzierten) Momentenfläche $F_5 = BGC$ des einfachen Balkens BC in bezug auf die beiden Auflager, d. h.

$$B_1{}''B_1{}''' = F_5' \cdot \xi \quad . \ . \ . \ . \ . \ (169$$

und

$$C_1{}''C_1{}''' = F_5' \cdot \xi' \quad . \ . \ . \ . \ . \ (170$$

b) Aus dem in Fig. 12 eingeschriebenen Inhalt des schraffierten Flächenstreifens erkennt man, daß der durch Gl. (161) bestimmte Wert von ε gleich ist dem auf die Stützensenkrechte durch B bezogenen statischen Moment des $\frac{1}{E \cdot T}$ fachen Momentendreiecks $B_6 B_6' C_6$ mit der Stützenordinate $h = 1$ in B; desgleichen erkennt man aus Fig. 9, daß ε ebenfalls gleich ist dem auf die Senkrechte durch C bezogenen statischen Moment des $\frac{1}{E \cdot T}$ fachen Momentendreiecks $B_5 C_5 C_5'$ mit der Stützenordinate $h = 1$ in C.

Jetzt können wir die Gl. (167) und (168) in der folgenden allgemeinen Form anschreiben:

$$k_B = \frac{F_5' \cdot \xi}{\varepsilon} = \frac{\left\{\begin{array}{l}\text{Das auf die Senkrechte durch B} \\ \text{bezogene statische Moment der} \\ \frac{1}{E \cdot T} \text{ fachen einfachen Momen-} \\ \text{tenfläche der belasteten Öffnung } l_2\end{array}\right\}}{\left\{\begin{array}{l}\text{Das auf die Senkrechte durch B} \\ \text{bezogene statische Moment der} \\ \frac{1}{E \cdot T} \text{ fachen Dreiecksmomenten-} \\ \text{fläche } B_6 B_6' C_6, \text{ welche eine in} \\ \text{dieser Senkrechten gelegene} \\ \text{Höhe } h = 1 \text{ und eine Grundlinie} \\ \text{gleich } l_2 \text{ hat.}\end{array}\right\}} \quad (171$$

$$k_C = \frac{F_5' \cdot \xi'}{\varepsilon} = \frac{\left\{\begin{array}{l}\text{Das auf die Senkrechte durch C} \\ \text{bezogene statische Moment der} \\ \frac{1}{E \cdot T} \text{ fachen einfachen Momen-} \\ \text{tenfläche der belasteten Öffnung } l_2\end{array}\right\}}{\left\{\begin{array}{l}\text{Das auf die Senkrechte durch C} \\ \text{bezogene statische Moment der} \\ \frac{1}{E \cdot T} \text{ fachen Dreiecksmomenten-} \\ \text{fläche } B_5 C_5 C_5', \text{ welche eine in} \\ \text{dieser Senkrechten gelegene} \\ \text{Höhe } h = 1 \text{ und eine Grundlinie} \\ \text{gleich } l_2 \text{ hat.}\end{array}\right\}} \quad (172$$

In den Hauptgleichungen (171) und (172) kommen keine Größen vor, welche Bezug auf die elastische Verbindung zwischen dem Balken und den Stützen haben. Die Kreuzlinienabschnitte sind deshalb dieselben sowohl am kontinuierlichen Balken auf elastisch drehbaren Pfeilern als auch am frei aufliegenden kontinuierlichen Balken; die Momentenflächen dieser beiden Träger unterscheiden sich nur dadurch, daß die Momente unmittelbar links und rechts einer Stütze am ersteren Träger einander ungleich und am letzteren Träger einander gleich sind.

Auf Grund der allgemeinen Gl. (171) und (172) wollen wir nun die Formeln zur Bestimmung der Kreuzlinienabschnitte bei Belastung des Balkens durch eine Einzellast ermitteln, woraus die graphische Ermittlung der Kreuzlinienabschnitte hervorgeht.

2. Bestimmung der Kreuzlinienabschnitte am kontinuierlichen Balken mit beliebig veränderlichem Trägheitsmoment auf elastisch drehbaren Pfeilern mit horizontal unverschieblichen Pfeilerköpfen, sowie am frei aufliegenden kontinuierlichen Balken mit beliebig veränderlichem Trägheitsmoment.

Die Belastung bestehe aus einer Einzellast P im Abstande x vom linken und x' vom rechten Auflager der belasteten Öffnung (Fig. 16). Wir haben in Fig. 16 den gleichen Träger gewählt wie in Fig. 1, um die bereits gezeichneten Momentendreiecke und Kräftepolygone der Fig. 9 und 12 benützen zu können. Das einfache Momentendreieck BGC der belasteten Öffnung BC sowie die entsprechende reduzierte Momentenfläche BG'C wurde in Fig. 43 besonders herausgezeichnet und in Flächenstreifen eingeteilt mit den Inhalten

$$i = \frac{y \cdot (l_2 - z) \cdot \varDelta s}{x \cdot E \cdot T} \quad \text{auf der Strecke x,}$$

und

$$i' = \frac{y \cdot z \cdot \varDelta s}{x' \cdot E \cdot T} \quad \text{auf der Strecke x'.}$$

Um nun einen analytischen Ausdruck für die Kreuzlinienabschnitte k_B und k_C nach den allgemeinen Formeln (171) und (172) zu erhalten, bilden

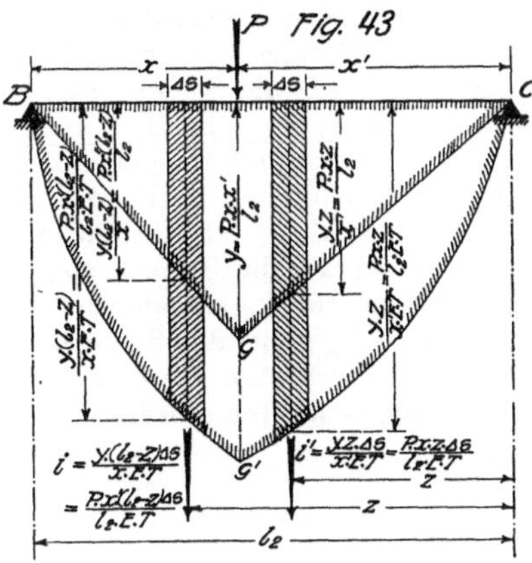

wir zunächst den Zähler dieser Gleichungen, indem wir das statische Moment der Flächenstreifen i' und i anschreiben und dabei über die Strecken x' und x getrennt summieren; den Nenner ε der Gl. (171) und (172) übernehmen wir aus Gl. (161). Wir erhalten:

$$k_B = \frac{\sum_0^{x'} i' \cdot (l_2 - z) + \sum_{x'}^{l_2} i \cdot (l_2 - z)}{\varepsilon} \qquad (173$$

und

$$k_C = \frac{\sum_0^{x'} i' \cdot z + \sum_{x'}^{l_2} i \cdot z}{\varepsilon} \quad \ldots \quad (174$$

Setzen wir die Werte von i und i' in diese Formeln (173) und (174) ein, so erhalten wir

$$k_B = \frac{\sum_0^{x'} y \cdot \frac{z \cdot \varDelta s}{x' \cdot E \cdot T}(l_2 - z) + \sum_{x'}^{l_2} y \cdot \frac{(l_2 - z) \cdot \varDelta s}{x \cdot E \cdot T}(l_2 - z)}{\dfrac{\sum_0^{l_2} \dfrac{\varDelta s}{T} \cdot z \cdot (l_2 - z)}{E \cdot l_2}} \qquad (175$$

und

$$k_C = \frac{\sum_0 y \cdot \frac{z \cdot \varDelta s}{x' \cdot E \cdot T} \cdot z + \sum_{x'}^{l_2} y \cdot \frac{(l_2 - z) \cdot \varDelta s}{x \cdot E \cdot T} \cdot z}{\dfrac{\sum_0^{l_2} \dfrac{\varDelta s}{T} \cdot z \cdot (l_2 - z)}{E \cdot l_2}} \qquad (176$$

Es sei H die Polweite des Kräftepolygons (Fig. 16a), welches der einfachen Momentenfläche BGC der belasteten zweiten Öffnung zugeordnet ist; das Moment in der Kraftrichtung beträgt dann

$$H \cdot y = \frac{P \cdot x \cdot x'}{l_2},$$

woraus

$$y = \frac{P \cdot x \cdot x'}{H \cdot l_2}.$$

Führen wir diesen Wert in die Gl. (175) und (176) ein und dividieren Zähler und Nenner durch l_2, so erhalten wir schließlich

$$k_B = \frac{P}{H} \cdot \frac{x \cdot \sum_0^{x'} \frac{\varDelta s \cdot z \cdot (l_2 - z)}{E \cdot T \cdot l_2^2} + x' \cdot \sum_{x'}^{l_2} \frac{\varDelta s \cdot (l_2 - z)^2}{E \cdot T \cdot l_2^2}}{\sum_0^{l_2} \frac{\varDelta s \cdot z \cdot (l_2 - z)}{E \cdot T \cdot l_2^2}}$$

$$(177$$

und

$$k_C = \frac{P}{H} \cdot \frac{x \cdot \sum_0^{x'} \frac{\varDelta s \cdot z^2}{E \cdot T \cdot l_2^2} + x' \cdot \sum_{x'}^{l_2} \frac{\varDelta s \cdot z \cdot (l_2 - z)}{E \cdot T \cdot l_2^2}}{\sum_0^{l_2} \frac{\varDelta s \cdot z \cdot (l_2 - z)}{E \cdot T \cdot l_2^2}}$$

$$(178$$

Die Zähler und Nenner der Gl. (177) und (178) können wir auf folgende Weise deuten:

a) Bedeutung des Zählers von Gl. (177):

Wir denken uns den einfachen Balken BC in C mit dem Stützenmoment $M_C = 1$ belastet und ermitteln die Durchbiegung s_C des Balkens in der Richtung von P infolge der Belastung $M_C = 1$. Die einfache Dreiecksmomentenfläche, reduzierte Momentenfläche, elastische Linie und Durchbiegung s_C des mit $M_C = 1$ belasteten einfachen Balkens BC ist durch Fig. 9 dargestellt, sofern wir in derselben $h = 1$ setzen. Die gesuchte Durchbiegung s_C erhalten wir jetzt nach dem früheren Satz III wie folgt als das Balkenmoment im Angriffspunkt von P infolge Belasten des Balkens BC mit der vorgenannten reduzierten Momentenfläche. Die Flächenstreifen der reduzierten Momentenfläche $B_5 Y C_5'' C_5$ auf der Strecke x' erzeugen in B einen Auflagerdruck

$$= \sum_0 \frac{\Delta s \cdot (l_2 - z)}{E \cdot T \cdot l_2} \cdot \frac{z}{l_2},$$

und daher ein Moment M' an der Angriffsstelle von P

$$M' = V_B \cdot x = x \cdot \sum_0^{x'} \frac{\Delta s \cdot (l_2 - z) \cdot z}{E \cdot T \cdot l_2^2};$$

desgleichen erzeugen die Flächenstreifen der Strecke x einen Auflagerdruck V_C in C:

$$V_C = \sum_{x'}^{l_2} \frac{\Delta s \cdot (l_2 - z)}{E \cdot T \cdot l_2} \cdot \frac{(l_2 - z)}{l_2},$$

und daher ein Moment M'' an der Angriffsstelle von P

$$M'' = V_C \cdot x' = x' \cdot \sum_{x'}^{l_2} \frac{\Delta s \cdot (l_2 - z)^2}{E \cdot T \cdot l_2^2}.$$

Nach dem vorgenannten Satz III erhalten wir jetzt:

$$s_C = M' + M''$$

$$= x \cdot \sum_0^{x'} \frac{\Delta s \cdot (l_2 - z) \cdot z}{E \cdot T \cdot l_2^2} + x' \cdot \sum_{x'}^{l_2} \frac{\Delta s \cdot (l_2 - z)^2}{E \cdot T \cdot l_2^2}$$

$$\tag{179}$$

Der Ausdruck für s_C in Gl. (179) stimmt mit dem Zähler von Gl. (177) überein.

b) Bedeutung des Nenners von Gl. (177):

Der Nenner von Gl. (177) ist nach Gl. (98) identisch mit dem in Fig. 9 eingetragenen Drehwinkel α_{BC} am linken Ende B des einfachen Balkens BC infolge der Belastung $M_C = 1$.

Auf analoge Weise kann man zeigen, daß der Ausdruck für die Durchbiegung s_B (im Angriffspunkt von P) an dem in B mit dem Stützenmoment $M_B = 1$ belasteten einfachen Balken BC mit dem Zähler von Gl. (178) übereinstimmt, und daß der Nenner von Gl. (178) identisch ist mit dem (in Fig. 12 eingeschriebenen) Drehwinkel β_{CB} in C.

Führen wir jetzt die Werte s_C, α_{BC}, s_B, β_{CB} in die Gl. (177) und (178) ein, so erhalten wir

$$k_B = \frac{P}{H} \cdot \frac{s_C}{\alpha_{BC}} \quad \ldots \ldots \tag{180}$$

und

$$k_C = \frac{P}{H} \cdot \frac{s_B}{\beta_{CB}} \quad \ldots \ldots \tag{181}$$

In Gl. (180) setzen wir nach Fig. 9 ein

$$\mathrm{tg}\ \alpha_{BC} = \frac{t_C}{l_2}$$

und in Gl. (181) nach Fig. 12

$$\mathrm{tg}\ \beta_{CB} = \frac{t_B}{l_2},$$

worin $\mathrm{tg}\ \alpha_{BC} = \alpha_{BC}$ und $\mathrm{tg}\ \beta_{CB} = \beta_{CB}$ gesetzt werden kann, weil α_{BC} und β_{CB} sehr klein sind; wir erhalten dann die folgenden allgemeinen Ausdrücke für die Kreuzlinienabschnitte k_B und k_C:

$$k_B = s_C \cdot \frac{l_2}{t_C} \cdot \frac{P}{H} \quad \ldots \ldots \tag{182}$$

und

$$k_C = s_B \cdot \frac{l_2}{t_B} \cdot \frac{P}{H} \quad \ldots \ldots \tag{183}$$

Um die Ermittlung der Kreuzlinienabschnitte nach vorstehenden Formeln noch einfacher zu gestalten, bestimmen wir die Strecke s'_C, welche in Fig. 9 von der durch B_7 gehenden ersten Seilseite und der ebenfalls durch B_7 gehenden Senkrechten auf der Horizontalen durch den unteren Endpunkt der Strecke s_C abgeschnitten wird; desgleichen ermitteln wir die Strecke s'_B, welche in Fig. 12 von der durch C_8 gehenden letzten Seilseite und der durch C_8 gehenden Senkrechten auf der Horizontalen durch den unteren Endpunkt der Strecke s_B abgeschnitten wird. Es ist dann nach Fig. 9:

$$s'_C = s_C \cdot \frac{l_2}{t_C} \quad \ldots \ldots \tag{184}$$

und nach Fig. 12

$$s'_B = s_B \cdot \frac{l_2}{t_B} \quad \ldots \ldots \tag{185}$$

Setzen wir diese Werte in die Gl. (182) u. (183) ein, so erhalten wir:

$$k_B = s'_C \cdot \frac{P}{H} \quad \ldots \ldots \tag{186}$$

$$k_C = s'_B \cdot \frac{P}{H} \quad \ldots \ldots \tag{187}$$

Zeichnet man schließlich die einfache Momentenfläche BGC der belasteten Öffnung (Fig. 16) so, daß im zugehörigen Krafteck (Fig. 16a) $H = P$ ist, so erhält man durch Einsetzen dieses Wertes in die Formeln (186) u. (187):

$$k_B = s'_C \quad \ldots \ldots \tag{188}$$

und

$$k_C = s'_B \quad \ldots \ldots \tag{189}$$

Ist eine Öffnung mit einer Gruppe von Einzellasten $P_1\ P_2,\ P_3 \ldots$ belastet, wie beispielsweise die Öffnung BC in Fig. 1, so zeichnet man zuerst mittels Krafteck und Seileck die einfache Momentenfläche BGC, ermittelt an Hand der elastischen Linien $B_7 N' C_7$ (Fig. 9) und $B_8 N'' C_8$ (Fig. 12) die den einzelnen Kräften P_1, P_2, $P_3, \ldots$ entsprechenden Strecken s_{C1} s_{C2}, s_C . . . . . . und s'_{B1}, s'_{B2}, s'_{B3}, ... und wendet die Gl. (186) u. (187) wiederholt an; man erhält dann als Ausdruck für die Kreuzlinienabschnitte k_B und k_C:

$$k_B = s'_{C1} \cdot \frac{P_1}{H} + s'_{C2} \cdot \frac{P_2}{H} + s'_{C3} \cdot \frac{P_3}{H} + \cdot \cdot \cdot \quad (190$$

$$k_C = s'_{B1} \cdot \frac{P_1}{H} + s'_{B2} \cdot \frac{P_2}{H} + s'_{B3} \cdot \frac{P_3}{H} + \cdot \cdot \cdot \quad (191$$

Bei stetiger Belastung pro Längeneinheit in einer Öffnung hat man in den vorhergehenden Formeln $P = p \cdot \varDelta s$ zu setzen, wobei $\varDelta s$ die Breite der einzelnen Belastungsstreifen bedeutet.

Ist die belastete Öffnung eine Endöffnung mit elastisch drehbarem Endpfeiler, wie beispielsweise am kontinuierlichen Balken der Fig. 1, so sind zwei Fixpunkte vorhanden und es sind deshalb auch zwei Kreuzlinienabschnitte zu ermitteln; liegt das Balkenende jedoch frei auf, wie in der letzten Öffnung rechts von Fig. 1, so wird zur Konstruktion der Momentenfläche dieser Öffnung nur der Kreuzlinienabschnitt k_E auf der Senkrechten durch das frei aufliegende Balkenende E benötigt; der andere Kreuzlinienabschnitt fällt fort.

Wie bereits früher nachgewiesen, sind die Kreuzlinienabschnitte dieselben sowohl am kontinuierlichen Balken auf elastisch drehbaren Pfeilern als auch am frei aufliegenden kontinuierlichen Balken.

3. Bestimmung der Kreuzlinienabschnitte am kontinuierlichen Balken mit konstantem Trägheitsmoment auf elastisch drehbaren Pfeilern mit horizontal unverschieblichen Pfeilerköpfen, sowie am frei aufliegenden kontinuierlichen Balken mit konstantem Trägheitsmoment.

Die nachfolgend entwickelten Formeln gelten sowohl für den kontinuierlichen Balken mit innerhalb jeder Öffnung konstantem und an den Stützen sprungweise veränderlichem Trägheitsmoment als auch für den kontinuierlichen Balken mit konstantem Trägheitsmoment auf der ganzen Balkenlänge.

Die Belastung bestehe aus einer Einzellast P im Abstande x vom linken und x' vom rechten Auflager der belasteten Öffnung. Der in Fig. 44 dargestellte kontinuierliche Balken auf teils elastisch drehbaren Pfeilern, teils frei drehbaren Stützen mit dem konstanten Trägheitsmoment T_1, T_2, T_3, T_4 in den einzelnen Öffnungen sei in der zweiten Öffnung mit der Einzelkraft P belastet. Der Momentenfläche BGC des einfachen Balkens BC entspricht eine $\frac{1}{E \cdot T_2}$-fache (reduzierte) Momentenfläche (nicht dargestellt), welche wegen des konstanten Trägheitsmoments T_2 ebenfalls ein Dreieck mit der Spitze auf der Richtung von P ist. Der Inhalt dieser Fläche beträgt:

$$\frac{y \cdot l_2}{2 \cdot E \cdot T_2},$$

ihr Schwerpunktsabstand von B:

$$\xi = \frac{x + l_2}{3},$$

und daher das im Zähler der Gl. (171) vorkommende statische Moment in bezug auf B:

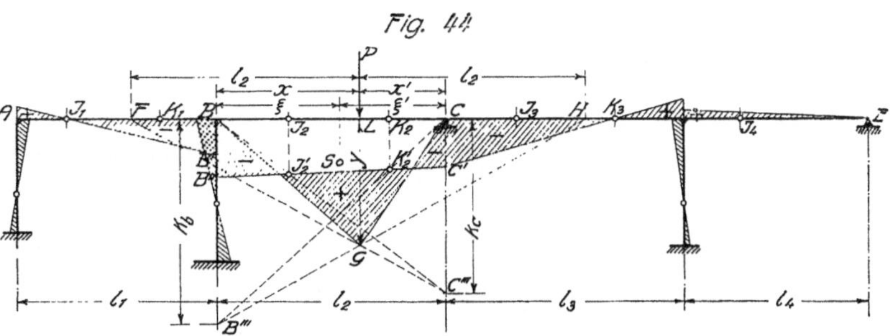

$$\frac{y \cdot l_2}{2 \cdot E \cdot T_2} \cdot \frac{x + l_2}{3} = \frac{y \cdot l_2 \cdot (x + l_2)}{6 \cdot E \cdot T_2};$$

desgleichen beträgt der Schwerpunktsabstand von C:

$$\xi' = \frac{x' + l_2}{3}$$

und das im Zähler der Gl. (172) vorkommende statische Moment in bezug auf C:

$$\frac{y \cdot l_2}{2 \cdot E \cdot T_2} \cdot \frac{x' + l_2}{3} = \frac{y \cdot l_2 \cdot (x' + l_2)}{6 \cdot E \cdot T_2}.$$

Ferner hat die im Nenner der allgemeinen Gl. (171) vorkommende $\frac{1}{E \cdot T_2}$-fache Dreiecksmomentenfläche über l_2 als Grundlinie und mit Höhe $h = 1$ in B einen Inhalt:

$$\frac{l_2}{2 \cdot E \cdot T_2},$$

einen Schwerpunktsabstand $\frac{l_2}{3}$ von B, und ein statisches Moment:

$$\frac{l_2}{2 \cdot E \cdot T_2} \cdot \frac{l_2}{3} = \frac{l_2^2}{6 \cdot E \cdot T_2}$$

in bezug auf B; desgleichen hat die im Nenner der allgemeinen Gl. (172) vorkommende $\frac{1}{E \cdot T_2}$ fache Dreiecksmomentenfläche über l_2 als Grundlinie und mit Höhe $h = 1$ in C einen Inhalt:

$$\frac{l_2}{2 \cdot E \cdot T_2},$$

einen Schwerpunktsabstand $\frac{l_2}{3}$ von C, und ein statisches Moment:

$$\frac{l_2^2}{6 \cdot E \cdot T_2}$$

in bezug auf C.

Mit den vorstehenden statischen Momenten der reduzierten Momentenflächen erhalten wir jetzt nach den allgemeinen Gl. (171) u. (172):

$$k_B = \frac{\dfrac{y \cdot l_2 \cdot (x + l_2)}{6 \cdot E \cdot T_2}}{\dfrac{l_2^2}{6 \cdot E \cdot T_2}} = \frac{y \cdot (x + l_2)}{l_2} \quad \dots \ (192$$

und

$$k_C = -\frac{\dfrac{y \cdot l_2 \cdot (x' + l_2)}{6 \cdot E \cdot T_2}}{\dfrac{l_2^2}{6 \cdot E \cdot T_2}} = \frac{y \cdot (x' + l_2)}{l_2} \quad \dots \ (193$$

Setzen wir darin $y = \dfrac{P \cdot x \cdot x'}{l_2}$ ein, so folgt schließlich:

$$k_B = P \cdot \frac{x \cdot x' \cdot (x + l_2)}{l_2^2} \quad \dots \ (194$$

und

$$k_C = P \cdot \frac{x \cdot x' \cdot (x' + l_2)}{l_2^2} \quad \dots \ (195$$

In den Gl. (192) u. (193), bezw. (194) u. (195) ist das Trägheitsmoment T_2 der belasteten Öffnung ausgeschieden; die Bestimmung der Kreuzlinienabschnitte erfolgt daher in derselben Weise nach den Formeln (192) u. (193), bezw. (194) u. (195) sowohl, wenn der kontinuierliche Balken von Öffnung zu Öffnung sprungweise veränderliches Trägheitsmoment hat, als auch, wenn das Trägheitsmoment auf der ganzen Balkenlänge konstant ist.

Nach den Gl. (192) u. (193) erhalten wir folgende bekannte Konstruktion der Kreuzlinienabschnitte k_B und k_C für konstantes Trägheitsmoment, welche besonders bei der Bestimmung der Einflußlinien benützt wird:

Von der Last P aus tragen wir (siehe Fig. 44) nach beiden Seiten auf der Balkenachse die Spannweite l_2 im Längenmaßstab ab und verbinden die Endpunkte F und H dieser Strecken mit dem Endpunkte G der unter der Kraft P gelegenen Ordinate y der einfachen Momentenfläche BGC; die Geraden HG und FG schneiden auf der Senkrechten durch B und C die gesuchten Kreuzlinienabschnitte $k_B = BB'''$ und $k_C = CC'''$ ab. Die Richtigkeit dieser Konstruktion geht ohne weiteres aus der Ähnlichkeit der Dreiecke HLG und HBB''', bezw. der Dreiecke FLG und FCC''' hervor.

Ist der kontinuierliche Balken mit einer Gruppe von Einzellasten P in einer Öffnung belastet, so sind die beiden einer jeden Kraft P entsprechenden Kreuzlinienabschnitte nach den Formeln (194) und (195) zu ermitteln. Durch Addition der Kreuzlinienabschnitte, welche den einzelnen Kräften P auf einer Stützensenkrechten der belasteten Öffnung entsprechen, erhält man den gesamten, auf dieser Senkrechten aufzutragenden Kreuzlinienabschnitt.

Bei gleichförmig verteilter Belastung p pro Längeneinheit in einer Öffnung ist die reduzierte einfache Momentenfläche der belasteten Öffnung eine Parabelfläche mit dem Inhalt:

$$\frac{2 \cdot f \cdot l}{3 \cdot E \cdot T}$$

und dem statischen Moment in bezug auf B und C

$$\frac{2 \cdot f \cdot l}{3 \cdot E \cdot T} \cdot \frac{l}{2} = \frac{f \cdot l^2}{3 \cdot E \cdot T} \cdot$$

Mit den vorstehenden Werten und dem gleichen Nenner wie in Gl. (192) u. (193) erhalten wir nach den allgemeinen Gl. (171) u. (172) den bekannten Wert:

$$k_B = k_C = \frac{\dfrac{f \cdot l^2}{3 \cdot E \cdot T}}{\dfrac{l^2}{6 \cdot E \cdot T}} = 2 f \quad \dots \ (196$$

II. Momente und Horizontalschübe an den mit dem Balken elastisch verbundenen Pfeilern, sowie Horizontalschübe am Balken.

Um die Momentenfläche und Horizontalschübe an einem beliebigen, am oberen Ende mit dem Balken elastisch verbundenen, am unteren Ende entweder eingespannten oder gelenkartig gelagerten Pfeiler infolge Balkenbelastung zu bestimmen, trennen wir denselben durch einen horizontalen, am Kopfe geführten Schnitt vom Balken, stützen ihn daselbst in einem frei drehbaren Lager (festes Kopfgelenk) und belasten ihn mit dem Pfeilerkopfmoment; die Momente, welche durch diese Belastung am Pfeilerschaft, und die horizontalen Auflagerdrücke, welche am Kopfe und Fuße des Pfeilers entstehen, sind gleich den gesuchten Momenten und Horizontalschüben, welche durch die vertikale Balkenbelastung am betrachteten Pfeiler hervorgerufen werden.

Zunächst müssen wir das die Belastung des Pfeilers bildende Pfeilerkopfmoment nach Größe und Vorzeichen ermitteln. Betrachten wir beispielsweise den Pfeiler B des in Fig. 1 dargestellten kontinuierlichen Balkens, so erhalten wir das Pfeilerkopfmoment nach Größe und Vorzeichen aus der allgemeinen Formel:

$$\underline{M_B^k = \left[M_B^l\right] - \left[M_B^r\right],}$$

in welcher M_B^l und M_B^r in den Klammern mit ihren Vorzeichen einzuführen sind.

Die durch die Balkenbelastung P_1, P_2, P_3 hervorgerufene Pfeilermomentenfläche erhalten wir jetzt wie folgt (vergl. Fig. 1):

Wir tragen das positive Pfeilerkopfmoment M_B^k als horizontale Strecke nach links an den Pfeilerkopf an und verbinden den Endpunkt dieser Strecke mit dem Momentennullpunkt des Pfeilers. Am unten eingespannten Pfeiler B (wie in Fig. 1) ermitteln wir den Abstand des Momentennullpunktes W_B vom Pfeilerkopf nach den Formeln (130, 131, 132, 133); am unten gelenkartig gelagerten Pfeiler fällt der Momentennullpunkt mit dem Fußgelenk zusammen.

Durch das Belasten des in Fig. 5 dargestellten, vom Balken getrennten Pfeilers B mit dem positiven Stützenmoment M_B^k wird von der Pfeilerkopfstütze ein nach links gerichteter horizontaler Auflagerdruck H_{Bm}^k, und durch die Stütze am Pfeilerfuß ein nach rechts gerichteter horizontaler Auflagerdruck H_{Bm}^f auf den Pfeiler ausgeübt; in den Ausdrücken H_{Bm}^k und H_{Bm}^f bezeichnet der Zeiger $_B^k$ und $_B^f$ den Pfeilerkopf- bezw. den Pfeilerfußquerschnitt, also die Angriffsstelle der Kraft H, während der Zeiger m andeutet, daß die Ursache des Entstehens von H ein Moment ist. Führen wir eine am Pfeiler angreifende, nach rechts gerichtete Horizontalkraft als positiv ein, so folgt aus der Gleichgewichtsbedingung $\sum H = 0$ (Fig. 5):

$$H_{Bm}^k = H_{Bm}^f \quad \ldots \ldots \quad (198$$

Wie wir sehen, genügt es also H_{Bm}^k zu ermitteln

a) Ermittlung von H_{Bm}^k am Pfeiler mit Fußeinspannung:

Es sei $H_{B'm}$ der horizontale Auflagerdruck am Kopfe des Pfeilers B (Fig. 5) infolge $M_B^k = 1$ (bei Ermittlung des Drehwinkels τ^k unter Kapitel I, Abschnitt I, Nummer 5 allgemein H_m' genannt); durch das die Belastung des Pfeilers bildende Moment M_B^k entsteht dann:

$$H_{Bm}^k = -H_{B'm} \cdot M_B^k \quad \ldots \ldots \quad (199$$

Nach Gl. (199) erhalten wir am Pfeiler mit konstantem Trägheitsmoment durch Einsetzen des Wertes von $H_{B'm}$ aus Formel (40):

$$\underline{H_{Bm}^k = - \frac{3 \cdot h + 6 \cdot f}{2 \cdot (h^2 + 3 \cdot h \cdot f + 3 \cdot f^2)} \cdot \left[M_B^k\right]} \quad \ldots \quad (200$$

und mit $f = 0$

$$\underline{H_{Bm}^k = - \frac{3}{2 \cdot h} \cdot \left[M_B^k\right]} \quad \ldots \ldots \quad (201$$

Desgleichen erhalten wir nach Gl. (199) am Pfeiler mit veränderlichem Trägheitsmoment durch Einsetzen des Wertes von $H_{B'm}$ aus Gl. (48):

$$\underline{H_{Bm}^k = - \frac{\sum\limits_0^h \frac{\Delta s}{T_s} \cdot (f + y)}{\sum\limits_0^h \frac{\Delta s}{T_s} \cdot (f + y)^2} \cdot \left[M_B^k\right]} \quad \ldots \quad (202$$

und mit $f = 0$

$$\underline{H_{Bm}^k = - \frac{\sum\limits_0^h \frac{\Delta s}{T_s} \cdot y}{\sum\limits_0^h \frac{\Delta s}{T_s} \cdot y^2} \cdot \left[M_B^k\right]} \quad \ldots \quad (203$$

b) Ermittlung von H_{Bm}^k am Pfeiler mit Fußgelenk:

Wir nehmen an, der in Fig. 5 dargestellte, vom Balken getrennte Pfeiler B habe am unteren Ende ein Gelenklager an Stelle der festen Einspannung. Der horizontale Auflagerdruck H_{Bm}^k am Pfeilerkopf infolge der Belastung M_B^k berechnet sich dann wie an einem einfachen vertikalen Balken auf zwei Stützen und beträgt daher sowohl am Pfeiler mit konstantem als auch am Pfeiler mit veränderlichem Trägheitsmoment:

$$\underline{H_{Bm}^k = - \frac{\left[M_B^k\right]}{h + f}} \quad \ldots \ldots \quad (204$$

worin $(h + f)$ die Entfernung zwischen Kopf- und Fußgelenk bedeutet.

In bezug auf die Richtung des horizontalen Auflagerdrucks H_{Bm}^k, welchen das Kopfgelenk auf den freistehenden Pfeiler (Fig. 5) ausübt, ist folgendes hervorzuheben:

Sowohl am Pfeiler mit Fußeinspannung wie am Pfeiler mit Fußgelenk hat H_{Bm}^k negative Richtung (nach links), wenn das die Belastung bildende Moment M_B^k positiv, und H_{Bm}^k hat positive Richtung (nach rechts), wenn M_B^k negativ ist; wir erhalten daher das Vorzeichen von H_{Bm}^k stets richtig, wenn wir in die Formeln (200), (201), (202), (203), (204) M_B^k mit seinem Vorzeichen einsetzen.

Trennen wir in Fig. 1 auch die übrigen Pfeiler A, C und D vom Balken und führen ähnliche Betrachtungen durch wie am Pfeiler B, so finden wir schließlich, daß am Kopfe des Pfeilers A ein positiver, am Kopfe des Pfeilers B ein negativer, am Kopfe des Pfeilers C ein positiver und am Kopfe des Pfeilers D ein negativer horizontaler Auflagerdruck wirkt.

Aus den vorstehenden Darlegungen geht hervor, daß am kontinuierlichen Balken auf elastisch drehbaren Pfeilern selbst bei vertikaler Bälkenbelastung und gerader Balkenachse Horizontalschübe entstehen.

III. Querkräfte und Auflagerdrücke an Balken und Pfeilern, sowie Bodendrücke der Pfeilerfundamente.

Der Vollständigkeit halber soll auch die Ermittlung der Querkräfte, usw. angeführt werden, damit bei den Beispielen im „Dritten Teil", be-

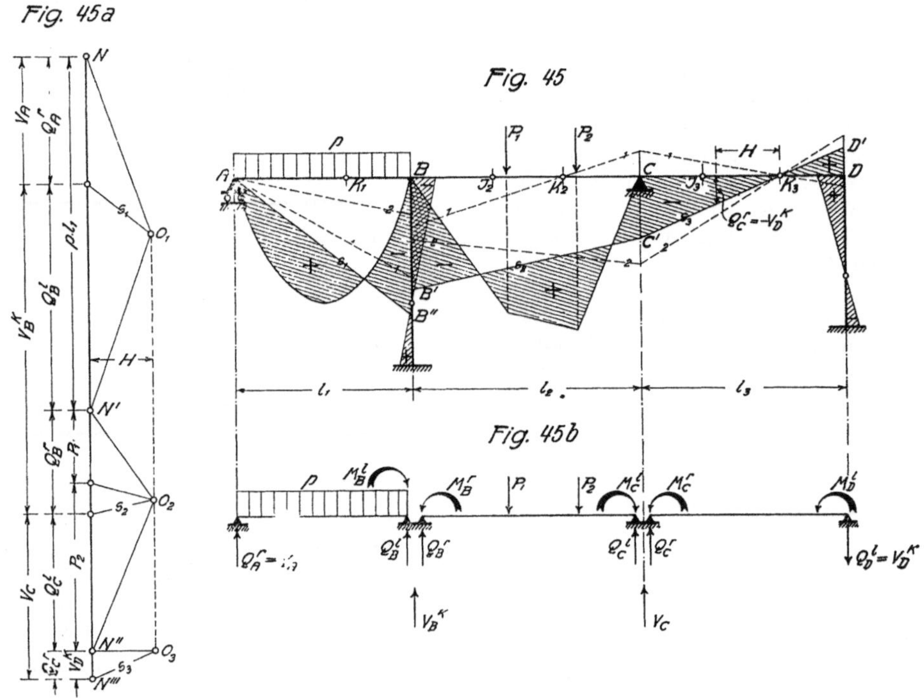

Da nun die horizontalen Auflagerdrücke, welche auf die Köpfe der Pfeiler übertragen werden („Reaktionen"), nichts anderes sind als die Horizontalschübe, welche der Balken auf die Pfeiler ausübt, so müssen umgekehrt die Pfeiler die entgegengesetzt gleichen Horizontalschübe auf den Balken übertragen („Aktionen"); nachdem wir also die Horizontalschübe an den Pfeilerköpfen mittels der Formeln (200), (201), (202), (203), (204) nach Größe und Richtung ermittelt haben, brauchen wir dieselben nur mit entgegengesetztem Vorzeichen zu nehmen, und wir haben dann die Horizontalschübe, welche am Balken tätig sind. An dem von den Pfeilern getrennten Balken (Fig. 4) greifen daher an den Schnittstellen in A, B, C und D nach obigem die Horizontalschübe $-H_{Am}^k$, $+H_{Bm}^k$, $-H_{Cm}^k$ und $+H_{Dm}^k$ an.

sonders bei Beispiel II, darauf Bezug genommen werden kann.

Zur Bestimmung der Quer- und Auflagerkräfte am Balken denken wir uns den kontinuierlichen Balken mit n Öffnungen in n einfache Balken auf zwei Stützen zerlegt und belasten dafür einen jeden derselben mit den beiden Stützenmomenten der betreffenden Öffnung (siehe z. B. Fig. 45). Die Auflagerdrücke Q_A^r, Q_B^l, Q_B^r, Q_C^l, Q_C^r und Q_D^l (Fig. 45b), welche an den so belastet gedachten einfachen Balken auftreten, berechnen sich wie folgt:

1. Analytisch.

Allgemein ist:

$$Q_m = Q_{m0} + \frac{[M_{m-1}] - [M_m]}{l_m}$$

(bei unserer früheren Vorzeichenannahme für die Momente), worin Q_{m0} der Auflagerdruck an den gedachten einfachen Balken infolge der äußeren Lasten bedeutet.

Am kontinuierlichen Balken nach Fig. 45 ist

$$Q_A^r = Q_{A0}^r + \frac{\left[M_B^l\right] - \left[M_A^r\right]}{l_1}$$

$$Q_B^l = Q_{B0}^l + \frac{\left[M_A^r\right] - \left[M_B^l\right]}{l_1}$$

usw.,

in vorliegendem Falle ist $M_A^r = 0$;

$$Q_C^r = \frac{\left[M_D^l\right] - \left[M_C^r\right]}{l_3}$$

und

$$Q_D^l = \frac{\left[M_C^r\right] - \left[M_D^l\right]}{l_3},$$

da in vorliegendem Falle $Q_{C0}^r = 0$ und $Q_{D0}^l = 0$.

In den Klammern sind die Stützenmomente mit ihren Vorzeichen einzuführen; nach diesen Formeln erhält dann ein nach oben gerichteter Auflagerdruck ein positives Vorzeichen.

2. Graphisch.

a) Belastete Öffnung: Die beiden Auflagerdrücke Q_A^r und Q_B^l des gedachten einfachen Balkens der ersten Öffnung werden im Kräftepolygon NO_1N' (Fig. 45a), mit welchem die einfache Momentenfläche dieser Öffnung in Fig. 45 gezeichnet wurde, durch die vom Pol O_1 aus gezogene Parallele zur Schlußlinie s_1 auf dem Kräftezug $p \cdot l_1$ abgeschnitten; analog werden Q_B^r und Q_C^l im Kräftepolygon $N'O_2N''$ durch die von O_2 aus gezogene Parallele zu s_2 auf dem Kräftezuge P_1P_2 abgeschnitten.

b) Unbelastete Öffnung: Die beiden Auflagerdrücke Q_C^r und Q_D^l des gedachten einfachen Balkens der dritten Öffnung, in welcher keine äußeren Kräfte vorkommen, sind nach den vorstehenden Formeln einander gleich und entgegengesetzt; es genügt daher Q_C^r zu ermitteln. Führen wir zu diesem Zweck die Stützenmomente M_D^l und M_C^r mit ihren aus Fig. 45 zu nehmenden Vorzeichen in die vorhin angeschriebene Formel für Q_C^r ein, so erhalten wir

$$Q_C^r = + \frac{M_D^l + M_C^r}{l_3};$$

hierin nach Fig. 45 $M_D^l = H \cdot DD'$ und $M_C^r = H \cdot CC'$ (H = Polweite) eingesetzt gibt

$$Q_C^r = \frac{H \cdot (DD' + CC')}{l_3}.$$

Diesen Ausdruck können wir im überschlagenen Momentenviereck $CC'K_3D'D$ (Fig. 45) als Strecke ermitteln: Wir ziehen im Abstand H (im Kräftemaßstab abzutragen) links oder rechts von K_3 eine Vertikale; dann ist Q_C^r gleich der im Kräftemaßstab abgegriffenen Strecke, welche auf dieser Vertikalen von der Schlußlinie s_3 und der durch K_3 gehenden Horizontalen abgeschnitten wird. Diese Konstruktion wird mit Vorteil bei der Auftragung der Einflußlinien (siehe „Dritter Teil", Beispiel II) der Querkräfte verwendet.

Auch im Kräftepolygon (Fig. 45a) können wir Q_C^r graphisch ermitteln, indem wir vom Punkte N'' aus eine Horizontale ziehen, darauf die Polweite H abtragen und aus dem so erhaltenen Pol O_3 eine Parallele zur Schlußlinie s_3 ziehen, durch welche Q_C^r auf der Kraftlinie bestimmt wird. Dadurch ist der Kräftezug (Fig. 45a) so vervollständigt, daß in demselben auch alle Auflagerdrücke gebildet werden können; es ist nämlich $V_A = Q_A^r$, $V_B^k = Q_B^l + Q_B^r$, $V_C = Q_C^l + Q_C^r$ und $V_D^k = Q_D^l$.

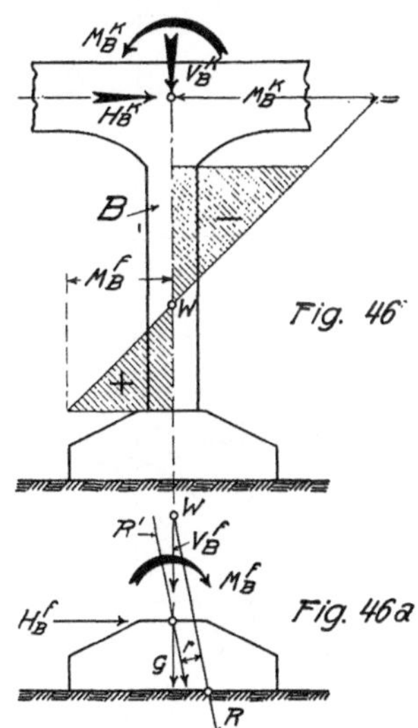

Außer den vertikalen Querkräften am Balken treten auch horizontale Querkräfte an den mit dem Balken elastisch verbundenen Pfeilern auf. Die Querkraft an einem solchen Pfeiler ist auf seine ganze Höhe konstant und gleich dem am Pfeilerkopf wirkenden Horizontalschub, welcher im Abschnitt II dieses Kapitels nach Größe und Richtung bestimmt wurde.

Wir kennen jetzt die in einem Pfeiler und seinem Fundament wirkenden Kräfte. Der mit dem Balken elastisch verbundene Pfeiler B wird (siehe Fig. 46) durch das Pfeilerkopfmoment M_B^k, den Horizontalschub H_B^k und den vertikalen Auflagerdruck V_B^k beansprucht, welche Kräfte vom Balken auf den Kopf des Pfeilers übertragen werden. Am Pfeilerfuß wird auf das Fundament übertragen (siehe Fig. 46a): das Pfeilerfußmoment M_B^f, die Vertikalkraft V_B^f, welche sich aus dem Auflagerdruck V_B^k und dem Pfeilergewicht zusammensetzt, und die Querkraft H_B^f, welche gleich groß und gleich gerichtet ist wie der Horizontalschub H_B^k am Pfeilerkopf. Bilden wir die Resultante R aus diesen Kräften einschließlich dem Eigengewicht des Fundamentkörpers (Fig. 46a), so erhalten wir den Bodendruck in der Fundamentsohle; als Kontrolle muß sich ergeben, daß R durch den Momentennullpunkt W des Pfeilers hindurchgeht.

Fig. 47

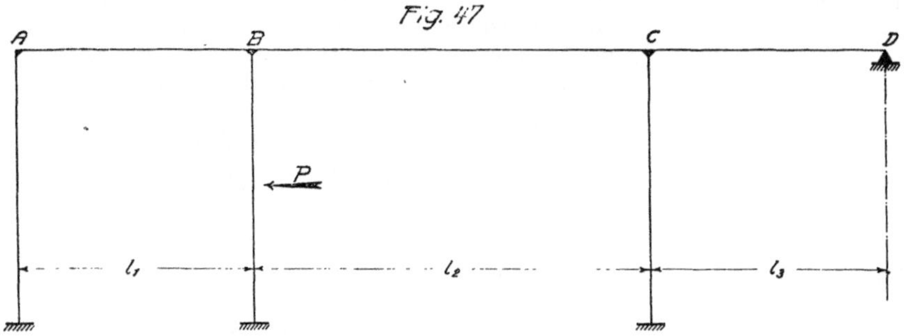

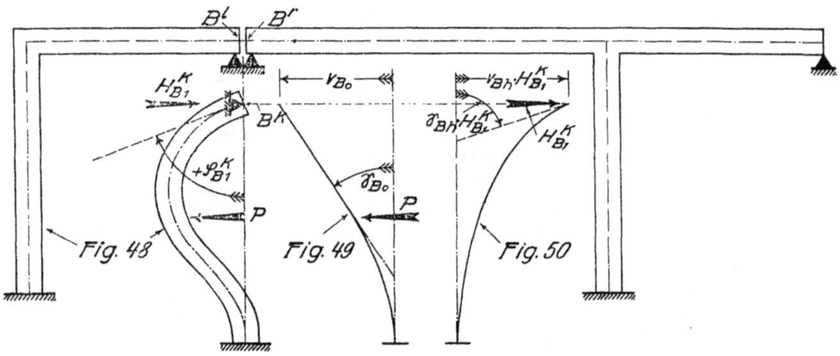

Kapitel VI.

Ermittlung der Momente, Horizontalschübe, Querkräfte und Auflagerdrücke am kontinuierlichen Balken auf elastisch drehbaren Pfeilern mit horizontal unverschieblichen Pfeilerköpfen infolge beliebiger Pfeilerbelastung.

I. Beliebige Belastung eines am Fuße eingespannten Mittelpfeilers.

An dem in Fig. 47 dargestellten kontinuierlichen Balken auf den elastisch drehbaren, am Fuße eingespannten Pfeilern A, B, C und der frei drehbaren Stütze D, an welcher der Balken horizontal unverschieblich festgehalten ist, wirke die beliebige, am Mittelpfeiler B angreifende Belastung, welche schematisch als Kraft P angenommen wird.

Wir trennen den Knotenpunkt B (Schnittpunkt der Balkenachse mit der Achse des Pfeilers B) durch einen im Querschnitt B^l unmittelbar

links von B, einen im Querschnitt B^r unmittelbar rechts von B, und einen im Querschnitt B^k am Pfeilerkopf geführten Schnitt heraus und bringen die folgenden Schnittspannungen an den durchgeschnittenen Stellen als äußere Kräfte an:

a) Am Querschnitt B^l des freien rechten Balkenendes der Öffnung l_1 (Fig. 48) tritt ein Moment M_B^l, eine achsiale Horizontalkraft (Normalkraft) N_B^l und eine vertikal gerichtete Querkraft Q_B^l auf. Bringen wir jetzt am freien rechten Balkenende der Öffnung l_1 ein Lager an, welches den Balken horizontal und vertikal unverschieblich festhält, jedoch seine freie Drehbarkeit gestattet, so werden von diesem Lager die Kräfte N_B^l und Q_B^l aufgenommen und wir haben deshalb vorläufig nur nötig, das Moment M_B^l nach Größe und Vorzeichen zu bestimmen.

b) Am Querschnitt B^r des freien linken Balkenendes der Öffnung l_2 (Fig. 48) tritt ein Moment M_B^r, eine achsiale Horizontalkraft (Normalkraft) N_B^r und eine vertikal gerichtete Querkraft Q_B^r auf. Bringen wir am freien linken Balkenende der Öffnung l_2 ein Lager an, welches den Balken horizontal und vertikal unverschieblich festhält, jedoch seine freie Drehbarkeit gestattet, so werden von diesem Lager die Kräfte N_B^r und Q_B^r aufgenommen und wir haben deshalb vorläufig nur nötig, das Moment M_B^r nach Größe und Vorzeichen zu bestimmen.

c) Am Pfeilerkopfquerschnitt B^k des unten eingespannten, oben frei stehenden Pfeilers B (Fig. 48) tritt ein Pfeilerkopfmoment M_B^k, eine achsiale Vertikalkraft V_B^k und eine Horizontalkraft H_B^k auf. Vernachlässigen wir, wie eingangs hervorgehoben, die Verkürzung der Pfeilerachse infolge V_B^k, so wird V_B^k mittels des Pfeilers auf die Bodenfuge übertragen, ohne eine Verschiebung oder Verdrehung des Pfeilerkopfquerschnittes B^k hervorzurufen. Bringen wir ferner am Pfeilerkopf (Fig. 48) ein Lager an, durch welches der Pfeilerkopf horizontal unverschieblich, aber frei drehbar festgehalten ist, so ist der von diesem Lager auf den Pfeilerkopf ausgeübte horizontale Auflagerdruck gleich dem Horizontalschub H_B^k, welcher vom horizontal unverschieblichen Balken infolge irgend einer Belastung auf den Pfeilerkopf übertragen wird. Auf diese Weise haben wir über die Komponenten V_B^k und H_B^k bereits verfügt und es ist deshalb vorläufig nur noch nötig, das Moment M_B^k nach Größe und Vorzeichen zu ermitteln.

Zur Bestimmung der Momente M_B^l, M_B^r und M_B^k betrachten wir die zwei folgenden Bewegungsvorgänge und führen dabei wie früher ein am Balken angreifendes Moment als positiv bezw. negativ ein, wenn es an der unteren bezw. oberen Balkenkante Zugspannungen hervorruft; desgl. führen wir ein Moment, welches an der linken Pfeilerkante Zugspannungen hervorruft, als positiv, und ein Moment, das an der rechten Pfeilerkante Zugspannungen hervorruft, als negativ ein.

Bewegungsvorgang I.

An dem vom Balken getrennten, unten eingespannten, am Kopfe gelenkartig gestützten Pfeiler B lassen wir die äußeren Kräfte P angreifen (Fig. 48). Durch diese Belastung finden nur Formänderungen und Spannungen am Pfeiler B und keine Formänderungen am Balken und an den übrigen Pfeilern statt; am Pfeilerkopfquerschnitt B^k entsteht ein Drehwinkel φ_{B1}^k, welcher bei der angenommenen Richtung von P eine Rechtsdrehung ist und deshalb positiv eingeführt wird.

Bewegungsvorgang II.

Der Bewegungsvorgang II besteht darin, den Querschnitten B^k, B^l, B^r solche Drehungen zu erteilen, daß dieselben nach diesem Bewegungsvorgang wieder miteinander vereinigt sind wie vor der Schnittführung (Fig. 51). Zu dem Zweck müssen wir offenbar am Pfeilerkopf ein linksdrehendes, negatives Moment M_B^k, am Querschnitt B^l der Öffnung l_1 ein rechtsdrehendes, negatives Moment M_B^l, und am Querschnitt B^r der Öffnung l_2 ein rechtsdrehendes, positives Moment M_B^r anbringen.

Die Vorzeichen der Momente M_B^k, M_B^l und M_B^r sind hiermit bereits aus der Anschauung festgesetzt worden und können später ohne weiteres in die erhaltenen Formeln eingeführt werden; die Größe dieser Momente erhalten wir wie folgt:

Bezeichnen wir wie früher mit τ_B^k die Kopfdrehung des vom Balken getrennten, oben ge-

lenkartig gestützten Pfeilers B infolge der Belastung $M_B^k = 1$, mit τ_B die Drehung des Querschnitts B^l am frei aufliegenden rechten Balkenende der Öffnung l_1 infolge der Belastung $M_B = 1$; und mit τ_B^r die Drehung des Querschnittes B^r am frei aufliegenden linken Balkenende der Öffnung l_2 infolge der Belastung $M_B^r = 1$, so muß die aus den Bewegungsvorgängen I und II hervorgehende gesamte Drehung des Querschnittes B^k, nämlich

$$\varphi_{B1}^k - M_B^k \cdot \tau_B^k$$

(Fig. 51) gleich sein der positiven Drehung des Querschnittes B^l während des Bewegungsvorganges II, nämlich

$$M_B^l \cdot \tau_B^l$$

und ebenfalls gleich sein der positiven Drehung

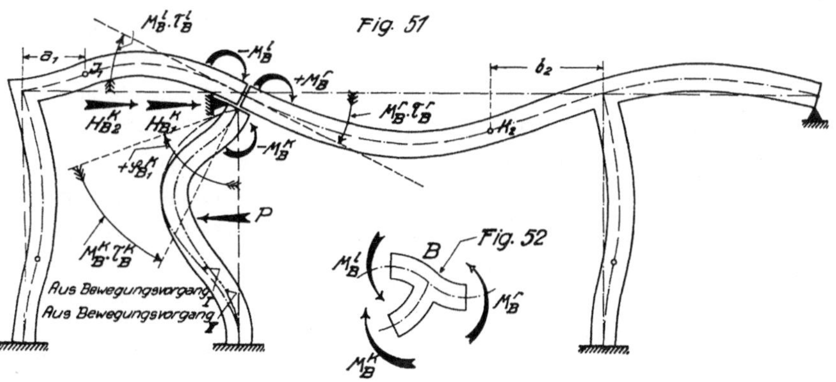

des Querschnittes B^r während des Bewegungsvorganges II, nämlich

$$M_B^r \cdot \tau_B^r.$$

Es müssen daher folgende zwei Gleichungen bestehen:

$$\varphi_{B1}^k - M_B^k \cdot \tau_B^k = M_B^l \cdot \tau_B^l, \quad \cdots \cdots (205$$

und

$$\varphi_{B1}^k - M_B^k \cdot \tau_B^k = M_B^r \cdot \tau_B^r. \quad \cdots \cdots (206$$

Betrachten wir jetzt noch den herausgetrennten Knotenpunkt B (Fig. 52). An demselben müssen wir die Momente M_B^k, M_B^l und M_B^r mit dem entgegengesetzten Drehsinn anbringen wie vorhin am Querschnitt B^k des vom Balken getrennten Pfeilers, am Querschnitt B^l des freien rechten Balkenendes der Öffnung l_1, und am Querschnitt B^r des freien linken Balkenendes der Öffnung l_2. Aus der Gleichgewichtsbedingung $\sum M = 0$ folgt dann

$$M_B^k = M_B^l + M_B^r \quad \ldots \ldots \quad (207$$

(absolute Werte).

Setzen wir in den Gl. (205) u. (206) den Wert von M_B^k aus Gl. (207) ein, so erhalten wir:

$$M_B^l \cdot \left(\tau_B^k + \tau_B^l\right) + M_B^r \cdot \tau_B^k = \varphi_{B1}^k \quad \ldots \quad (208$$

$$M_B^l \cdot \tau_B^k + M_B^r \cdot \left(\tau_B^k + \tau_B^r\right) = \varphi_{B1}^k \quad \ldots \quad (209$$

Aus Gl. (209) ist

$$M_B^r = \frac{\varphi_{B1}^k - M_B^l \cdot \tau_B^k}{\tau_B^k + \tau_B^r} ;$$

in Gl. (208) eingesetzt gibt

$$M_B^l \left(\tau_B^k + \tau_B^l\right) + \frac{\tau_B^k \cdot \varphi_{B1}^k}{\tau_B^k + \tau_B^r} - \frac{M_B^l \cdot \tau_B^{k2}}{\tau_B^k + \tau_B^r} = \varphi_{B1}^k$$

oder

$$M_B^l \left(\tau_B^k + \tau_B^l - \frac{\tau_B^{k2}}{\tau_B^k + \tau_B^r}\right) = \varphi_{B1}^k \left(1 - \frac{\tau_B^k}{\tau_B^k + \tau_B^r}\right)$$

woraus folgt:

$$M_B^l = \frac{\varphi_{B1}^k \cdot \tau_B^r}{\left(\tau_B^k + \tau_B^l\right)\left(\tau_B^k + \tau_B^r\right) - \tau_B^{k2}}$$

oder

$$M_B^l = \frac{\varphi_{B1}^k}{\tau_B^l + \tau_B^k + \dfrac{\tau_B^l \cdot \tau_B^k}{\tau_B^r}} \quad \ldots \quad (210$$

Analog erhalten wir

$$M_B^r = \frac{\varphi_{B1}^k}{\tau_B^r + \tau_B^k + \dfrac{\tau_B^r \cdot \tau_B^k}{\tau_B^l}} \quad \ldots \ldots \ldots \quad (211$$

Die Momente M_B^k, M_B^l und M_B^r sind durch die Gl. (207), (210) u. (211) ihrem absoluten Werte nach bestimmt; in bezug auf die Vorzeichen dieser Momente gilt das Folgende:

Unter der beim Bewegungsvorgang I gemachten Annahme, daß die Belastung P eine positive Drehung φ_{B1}^k am Kopfe des Pfeilers B erzeugt, ergab sich durch Betrachtung des Bewegungsvorganges II rein aus der Anschauung, daß M_B^l negatives, M_B^r positives, und M_B^k negatives Vorzeichen hat; umgekehrt würde sich bei negativem Drehwinkel φ_{B1}^k für das Moment M_B^l ein positives, für M_B^r ein negatives und für M_B^k ein positives Vorzeichen ergeben. Mit Berücksichtigung dieser Verhältnisse erhalten wir die nachfolgenden Hauptformeln, aus denen für alle Belastungsfälle die Momente M_B^l, M_B^r und M_B^k stets richtig nach Größe und Vorzeichen hervorgehen.

Hauptformeln:

$$M_B^l = - \frac{\left[\varphi_{B1}^k\right]}{\tau_B^l + \tau_B^k + \dfrac{\tau_B \cdot \tau_B^k}{\tau_B^r}} \quad \ldots \ldots \quad (212$$

$$M_B^r = + \frac{\left[\varphi_{B1}^k\right]}{\tau_B^r + \tau_B^k + \dfrac{\tau_B^r \cdot \tau_B^k}{\tau_B^l}} \quad \ldots \ldots \quad (213$$

$$M_B^k = \left[M_B^l\right] - \left[M_B^r\right] \quad \ldots \ldots \ldots \quad (214$$

In den vorstehenden Hauptformeln (212) und (213) ist der von der gegebenen Belastung P abhängige Drehwinkel φ_{B1}^k mit seinem Vorzeichen einzusetzen, während die nur von den Abmessungen der Konstruktion abhängigen Drehwinkel τ_B^l, τ_B^r und τ_B^k mit ihrem absoluten Werte einzusetzen sind; in den Klammern der rechten Seite von Hauptformel (214) sind M_B^l und M_B^r mit ihren aus den Formeln (212) und (213) hervorgehenden Vorzeichen einzuführen.

Die in den Hauptformeln (212) und (213) vorkommenden Drehwinkel τ_B^l, τ_B^r, τ_B^k und φ_{B1}^k ermitteln wir wie folgt:

a) τ_B^l nach den Formeln (107), (108) u. (121a), in welchen wir mit Bezug auf Fig. 47 und 51 $l' = l_1$ und $a' = a_1$ setzen;

b) τ_B^r nach Formel (119) u. (125a), in welchen wir $l'' = l_2$ und $b'' = b_2$ setzen;

c) τ_B^k nach den Formeln (41, 42, 49, 50).

d) Zur Bestimmung des Drehwinkels φ_{B1}^k, welcher während des Bewegungsvorganges I am Kopfe des vom Balken getrennten, unten eingespannten, oben in einem Gelenklager gestützten Pfeilers B (Fig. 48) infolge der Belastung P entsteht, denken wir uns das Kopflager entfernt und an dessen Stelle den von ihm auf den Pfeilerkopf ausgeübten horizontalen Auflagerdruck H_{B1}^k eingeführt. Am unten eingespannten, oben vollkommen frei auskragenden Pfeiler B lassen wir jetzt nacheinander die äußere Belastung P (Fig. 49) und dann die Horizontalkraft H_{B1}^k (Fig. 50) angreifen; hierbei werde am Pfeilerkopf durch die äußere Belastung P die (negative) Linksverschiebung v_{B0} und die (negative) Linksdrehung γ_{B0} hervorgerufen, während durch die Horizontalkraft H_{B1}^k die (positive) Rechtsverschiebung $H_{B1}^k \cdot v_{Bh}$ und die (positive) Rechtsdrehung $H_{B1}^k \cdot \gamma_{Bh}$ erzeugt wird. Darin bedeutet nach Früherem (siehe Kapitel I, Abschnitt I, Nummer 5) v_{Bh} und γ_{Bh} die Verschiebung und Drehung des Pfeilerkopfes B infolge $H_{B1}^k = 1$. H_{B1}^k bestimmen wir nach Größe und Vorzeichen aus der Bedingung, daß die durch diese Kraft hervorgerufene Verschiebung $H_{B1}^k \cdot v_{Bh}$ des Pfeilerkopfes die Verschiebung v_{B0} der äußeren Belastung P wieder rückgängig machen muß, d. h. es muß sein:

$$H_{B1}^k \cdot v_{Bh} + \left[v_{B0} \right] = 0 \quad \ldots \ldots \text{(215}$$

daraus folgt:

$$H_{B1}^k = - \frac{\left[v_{B0} \right]}{v_{Bh}} \quad \ldots \ldots \text{(216}$$

Die gesuchte, in Fig. 48 eingetragene Rechtsdrehung φ_{B1}^k setzt sich jetzt nach den Fig. 49 u. 50 wie folgt zusammen:

$$\varphi_{B1}^k = H_{B1}^k \cdot \gamma_{Bh} + \left[\gamma_{B0} \right] \quad \ldots \ldots \text{(217}$$

Führen wir darin H_{B1}^k aus Gl. (216) ein, so erhalten wir schließlich:

$$\varphi_{B1}^k = \left[\gamma_{B0} \right] - \left[v_{B0} \right] \cdot \frac{\gamma_{Bh}}{v_{Bh}} \quad \ldots \ldots \text{(218}$$

Die Gl. (216) u. (218) ergeben stets das richtige Vorzeichen von H_{B1}^k und φ_{B1}^k, wenn wir in dieselben v_{B0} und γ_{B0} mit ihrem Vorzeichen, v_{Bh} und γ_{Bh} jedoch mit ihrem absoluten Werte einsetzen.

Die Drehwinkel und Verschiebungen in den Gl. (216) u. (218) ermitteln wir wie folgt:

α) γ_{Bh} nach den früheren Formeln (32) u. (44), welche mit $f = 0$ einfacher werden;

β) v_{Bh} nach den früheren Formeln (39) u. (46), welche wieder mit $f = 0$ einfacher werden;

γ) γ_{B0} nach den späteren Formeln (233, 235, 237, 239, 241, 243, 245), in welchen eine Rechtsverschiebung positiv und eine Linksverschiebung negativ zu setzen ist;

δ) v_{B0} nach den späteren Formeln (234), (236), (238), (240), (242), (244), (246), in welchen wieder eine Rechtsverschiebung positiv und eine Linksverschiebung negativ zu setzen ist.

Zur Bestimmung der Momente, Horizontalschübe, Querkräfte und Auflagerdrücke an den Pfeilern und am Balken infolge der Belastung des Mittelpfeilers B gehen wir jetzt wie folgt vor:

1. Wir ermitteln zunächst M_B^l und M_B^r nach den Formeln (212) und (213) und bestimmen dann M_B^k nach Formel (214).

2. Um die Momentenfläche am ganzen Balken (Fig. 53) zu erhalten, tragen wir M_B^l unmittelbar links von B auf und pflanzen dasselbe mittels des Fixpunktes J_1 nach links über den Balken der Öffnung l_1 fort; desgleichen tragen wir M_B^r unmittelbar rechts von B auf und pflanzen dasselbe mittels des Fixpunktes K_2 sowie des Verkleinerungskoeffizienten μ_C^r nach rechts über die Öffnungen l_2 und l_3 fort.

3. Die Momentenfläche an den nicht mit äußeren Kräften belasteten Pfeilern A und C (Fig. 54 u. 56) ermitteln wir genau wie in Abschnitt II des Kapitels V beschrieben wurde; dementsprechend erhalten wir im vorliegenden Fall ein negatives Pfeilerkopfmoment M_A^k und ebenfalls ein negatives Pfeilerkopfmoment M_C^k.

Die Horizontalschübe H_A^k und H_C^k (Fig. 54 und 56), welche vom Balken auf die Köpfe der nicht belasteten Pfeiler A und C übertragen werden, sind gleich den horizontalen Auflagerdrücken („Reaktionen"), welche an den vom Balken getrennten, am Kopfe in Gelenklagern gestützten Pfeilern A und C infolge Belasten derselben mit den Pfeilerkopfmomenten M_A^k und M_C^k entstehen; H_A^k und H_C^k werden daher mittels der Formeln (200, 201, 202, 203) nach Größe und Vorzeichen berechnet (beide sind hier positiv). Die Horizontalschübe H_A^f und H_C^f, welche auf die Pfeilerfüße übertragen werden, sind den Horizontalschüben H_A^k und H_C^k entgegengesetzt gleich.

Nachdem der Horizontalschub H_A^k am Kopfe des Pfeilers A bekannt ist, kennen wir auch die Querkraft in einem beliebigen Pfeilerquerschnitt; sie ist einfach gleich H_A^k. Ebenso ist die Querkraft in einem beliebigen Querschnitt des Pfeilers C gleich dem Horizontalschub H_C^k am Pfeilerkopf.

Zur deutlicheren Darstellung der an den Pfeilern A und C angreifenden Kräfte wurden die Pfeiler vom Balken getrennt gezeichnet.

4. Zur Bestimmung der Momentenfläche an dem mit den äußeren Kräften P belasteten Pfeiler B (Fig. 55) ermitteln wir zunächst noch den resultierenden Horizontalschub H_B^k, welcher vom Balken auf den Pfeilerkopf übertragen wird und folgenden Ausdruck hat:

$$H_B^k = H_{B1}^k + H_{B2}^k \quad \ldots \ldots \text{(219}$$

In Gl. (219) ist H_{B1}^k gleich dem während des Bewegungsvorganges I auf den Pfeilerkopf ausgeübten Horizontalschub, d. h. gleich dem horizontalen Auflagerdruck am Pfeilerkopf infolge Belasten des vom Balken getrennten, am Kopfe frei drehbar gestützten Pfeilers B mit den gegebenen äußeren Kräften P; H_{B1}^k wird deshalb nach

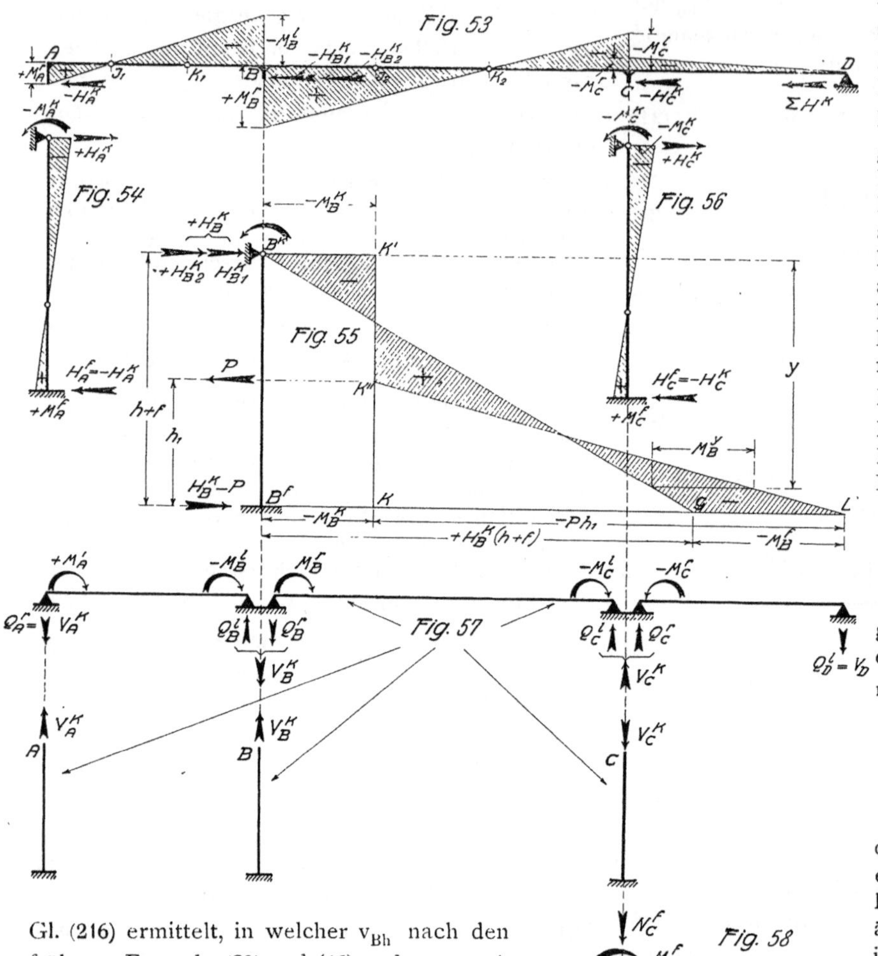

Gl. (216) ermittelt, in welcher v_{Bh} nach den früheren Formeln (39) und (46) und v_{B0} nach den späteren Formeln (234), (236), (238), (240), (242), (244), (246) zu bestimmen ist.

Ferner ist in Gl. (219) H_{B2}^k gleich dem während des Bewegungsvorganges II auf den Pfeilerkopf ausgeübten Horizontalschub, d. h. gleich dem horizontalen Auflagerdruck am Pfeilerkopf infolge Belasten des vom Balken getrennten, am Kopfe frei drehbar gestützten Pfeilers B mit dem nach Gl. (214) ermittelten Pfeilerkopfmoment M_B^k; H_{B2}^k wird deshalb nach den Formeln (200), (201), (202), (203) ermittelt; H_{B1}^k und H_{B2}^k haben stets dasselbe Vorzeichen.

Die Momentenfläche des mit dem Balken elastisch verbundenen Pfeilers B infolge der äußeren Belastung P ist jetzt gleich der Momen-tenfläche des vom Balken getrennten, unten eingespannten, nach oben frei auskragenden Pfeilers B infolge der Belastung mit den äußeren Kräften P, dem Pfeilerkopfmoment M_B^k und dem Horizontalschub H_B^k. Die in Fig. 55 dargestellte Momentenfläche dieses Pfeilers setzt sich daher zusammen aus der positiven Dreiecksmomentenfläche $B^k B^f G$ infolge der Belastung H_B^k, der negativen Rechtecksmomentenfläche $B^k B^f KK'$ infolge der Belastung M_B^k, und der negativen Momentenfläche $KK''L$ infolge der äußeren Kräfte P. Bezeichnen wir allgemein mit M_0 das stets leicht zu bildende Moment am frei auskragenden Pfeiler durch die gegebene Belastung P, so erhalten wir folgenden Ausdruck für das Moment M_B^y in einem Pfeilerquerschnitt mit dem beliebigen Abstand y vom Pfeilerkopf:

$$M_B^y = H_B^k \cdot y - M_B^k - M_{B0}^y \tag{220}$$

Setzen wir $y = h + f$ gleich der Pfeilerhöhe, so erhalten wir das Pfeilerfußmoment M_B^f zu:

$$M_B^f = H_B^k\,(h + f) - M_B^k - M_{B0}^f \quad \ldots \tag{221}$$

Die Querkraftfläche des mit dem Balken elastisch verbundenen Pfeilers B infolge der äußeren Belastung P ist jetzt ebenfalls leicht zu bilden: Sie ist einfach gleich der Querkraftfläche des vom Balken getrennten, unten eingespannten, nach oben frei auskragenden Pfeilers B infolge Belasten desselben mit den gegebenen Kräften P und dem Horizontalschub H_B^k am Pfeilerkopf.

5. Die am Balken ABCD angreifenden Horizontalschübe („Aktionen") erhalten wir wie folgt:

Nachdem wir, wie in den vorhergehenden Nr. 3 und 4 beschrieben, die in den Fig. 54, 55 und 56 eingetragenen, an den Köpfen der Pfeiler angreifenden Horizontalschübe H_A^k, H_B^k und H_C^k

(alle drei sind hier nach rechts gerichtet, also positiv) ermittelt haben, brauchen wir dieselben nur mit entgegengesetzter Richtung am Balken anzutragen (Fig. 53) und wir haben dann die Horizontalschübe, welche am Balken tätig sind. Mit Rücksicht darauf, daß der Balken in D horizontal unverschieblich gelagert ist, entstehen durch diese Horizontalschübe nach Fig. 53 folgende Normalkräfte N in den Balkenquerschnitten der einzelnen Öffnungen:

$$N_1 = - H_A^k \text{ auf der Strecke } l_1 \quad \ldots \ldots \quad (222$$

$$N_2 = - H_A^k - H_B^k \text{ auf der Strecke } l_2 \ldots (223$$

$$N_3 = - H_A^k - H_B^k - H_C^k = \sum H^k$$
$$\text{auf der Strecke } l_3 \ldots (224$$

und als Horizontalkraft am festen Lager D.

6. Die Querkräfte und Auflagerdrücke am Balken, die Normalkräfte an den Pfeilern und die Bodendrücke der Pfeilerfundamente bestimmen wir nach der Erläuterung im Abschnitt III des Kapitels V; sie wurden in den Fig. 57 und 58 dargestellt.

II. Beliebige Belastung eines am Fuße eingespannten linken Endpfeilers.

Am linken Endpfeiler A des in Fig. 59 dargestellten kontinuierlichen Balkens auf den elastisch drehbaren Pfeilern A und B und der frei drehbaren Stütze C greife eine beliebige äußere Belastung an, welche schematisch durch die horizontale Kraft P dargestellt sei.

Wir können uns bei der Erledigung dieses Falles kurz fassen, weil das bei der Behandlung des Mittelpfeilers unter I bereits Gesagte auch hier gilt.

Zunächst ermitteln wir das im Kopfquerschnitt A^k des belasteten Pfeilers auftretende Moment M_A^k bzw. das dem letzteren gleiche Moment M_A^r im Querschnitt A^r unmittelbar rechts der Pfeilerachse A. Zu dem Zweck trennen wir den Pfeiler A durch einen am Kopfe geführten Schnitt vom Balken, stützen den Pfeilerkopf und das linke Balkenende der Öffnung l_1 in je einem frei drehbaren Lager (Fig. 60) und betrachten die folgenden zwei Bewegungsvorgänge:

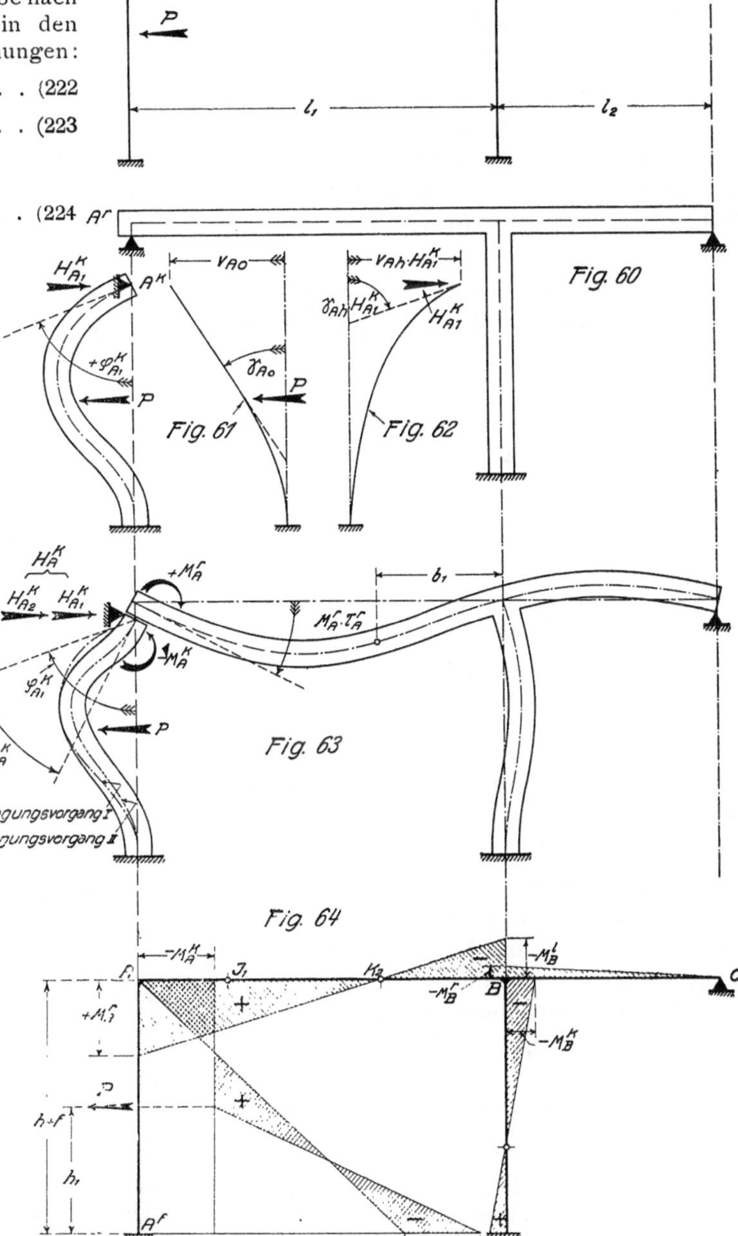

gespannten, am Kopfe frei drehbar gestützten Pfeiler A lassen wir die äußeren Kräfte P angreifen (Fig. 60). Durch diese Belastung entsteht am Pfeilerkopfquerschnitt A^k ein Drehwinkel φ_{A1}^k, welcher bei der angenommenen Richtung der Belastung P eine Rechtsdrehung ist und deshalb positiv eingeführt wird.

Bewegungsvorgang II:

Der Bewegungsvorgang II besteht darin, dem frei drehbar gestützten Kopf des Pfeilers A und dem frei drehbar gestützten linken Balkenende der Öffnung l_1 eine solche Drehung zu erteilen, daß beide wieder miteinander vereinigt werden können wie vor der Trennung (Fig. 63). Zu dem Zweck müssen wir offenbar am Pfeilerkopf A^k ein linksdrehendes, negatives Moment M_A^k und am linken Balkenende der Öffnung l_1 ein rechtsdrehendes, positives Moment M_A^r anbringen.

Die Vorzeichen der gleich großen Momente M_A^k und M_A^r sind hiermit aus der Anschauung bereits festgesetzt; die Größe dieser Momente er-

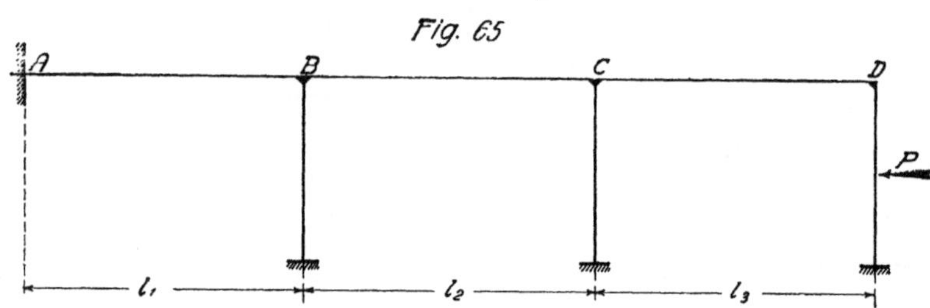

mitteln wir aus der Bedingung, daß am Ende des Bewegungsvorganges II die Querschnitte A^k und A^r dieselbe Drehung ausgeführt haben müssen. Bezeichnen wir wie früher mit $\imath_A^k$ die Kopfdrehung des vom Balken getrennten, oben gelenkartig gestützten Pfeilers A infolge der Belastung $M_A^k = 1$, und mit $\imath_A^r$ die Drehung des Querschnittes A^r am frei drehbar gestützten linken Balkenende der Öffnung l_1 infolge der Belastung $M_A^r = 1$, so beträgt die gesamte Drehung des Querschnittes A^k am Ende des Bewegungsvorganges II

$$\varphi_{A1}^k - M_A^k \cdot \imath_A^k$$

und die positive Drehung des Querschnitts A^r

$$M_A^r \cdot \imath_A^r .$$

Da nun nach obigem beide Drehungen einander gleich sein müssen, so erhalten wir die folgende Gleichung:

$$\varphi_{A1}^k - M_A^k \cdot \imath_A^k = M_A^r \cdot \imath_A^r \quad . \quad . \quad . \quad (226$$

Setzen wir darin $M_A^k = M_A^r$ und lösen auf, so erhalten wir mit Berücksichtigung der bereits

oben festgesetzten Vorzeichen von M_A^r und M_A^k die folgenden

Hauptformeln:

$$M_A^r = + \frac{\left|\varphi_{A1}^k\right]}{\imath_A^r + \imath_A^k} \quad . \quad . \quad . \quad . \quad (227$$

$$M_A^k = - \frac{\left[\varphi_{A1}^k\right]}{\imath_A^r + \imath_A^k} \quad . \quad . \quad . \quad . \quad (228$$

Die Gl. (227) und (228) ergeben stets das richtige Vorzeichen der Momente M_A^r und M_A^k, wenn wir in dieselben die Drehwinkel $\imath_A^r$ und $\imath_A^k$ mit ihrem absoluten Werte, und den Drehwinkel φ_{A1}^k mit seinem Vorzeichen einsetzen. Diese Drehwinkel ermitteln wir wie folgt:

a) $\imath_A^r$ nach Formel (119), in welcher wir $l'' = l_1$ und $b'' = b_1$ setzen,

b) $\imath_A^k$ nach den Formeln (41), (42), (49), (50),

c) φ_{A1}^k hat analog der Gl. (218) folgenden Ausdruck:

$$\varphi_{A1}^k = [\gamma_{A0}] - [v_{A0}] \cdot \frac{\gamma_{Ah}}{v_{Ah}} \quad . \quad (229$$

In Gl. (229) bedeutet v_{Ah} die Verschiebung und γ_{Ah} die Drehung am Kopfe des unten eingespannten, nach oben frei auskragenden Pfeilers A (Fig. 62) infolge der Belastung $H_A^k = 1$; desgleichen bedeutet v_{A0} die Verschiebung, und γ_{A0} die Drehung am Kopfe des unten eingespannten, nach oben frei auskragenden Pfeilers A (Fig. 61) infolge der Belastung mit den äußeren Kräften P. Diese Drehwinkel und Verschiebungen ermitteln wir wie diejenigen in Gl. (218).

Nachdem M_A^r und M_A^k nach den Hauptformeln (227) und (228) bestimmt sind, können wir die von der Belastung des Pfeilers A am ganzen Balken und an allen Pfeilern hervorgerufenen inneren Kräfte ähnlich ermitteln, wie dies in den Nummern 2, 3, 4, 5, 6 des vorhergehenden Abschnittes I beschrieben wurde. Die Momentenfläche am Balken und an den Pfeilern haben wir in Fig. 64 im Zusammenhang dargestellt und dabei die Horizontalschübe weggelassen; dieselben sind ähnlich wie in den Fig. 53, 55 und 56 anzutragen.

III. Beliebige Belastung eines am Fuße eingespannten rechten Endpfeilers.

Am rechten Endpfeiler D des in Fig. 65 dargestellten kontinuierlichen Balkens mit den elastisch drehbaren Pfeilern B, C, D und der festen Einspannung in A greife eine beliebige äußere Belastung an, welche wieder schematisch durch die horizontale Kraft P dargestellt sei.

Wiederholt man am Pfeiler D die Bewegungsvorgänge I und II wie am linken Endpfeiler, so erhalten wir die

Hauptformel:

$$M_D^l = M_D^k = - \frac{\lfloor \varphi_{D1}^k \rfloor}{\imath_D^l + \imath_D^k} \quad \ldots \quad (230$$

in welcher die Drehwinkel wie in den beiden vorhergehenden Fällen bestimmt werden.

IV. Beliebige Belastung eines am Fuße gelenkartig gelagerten Pfeilers.

Führen wir die analogen Betrachtungen wie unter I, II und III bei am Fuße gelenkartig gelagerten Pfeilern durch, so gelangen wir auch für solche Pfeiler zu den Hauptformeln (212), (213), (214), (227), (228) und (230), worin jedoch die Drehwinkel $\imath^k$ und φ_1^k andere, durch die gelenkartige Lagerung der Pfeilerfüße bedingte Werte haben.

Die Drehwinkel $\imath^k$ erhalten wir aus den früheren Formeln (52), (53), (56), (57). Der Drehwinkel φ_1^k, welcher während des Bewegungsvorganges I am Kopfe eines oben gelenkartig gestützten belasteten Pfeilers entsteht, ergibt sich durch Belasten eines oben und unten frei drehbaren Pfeilers, d. h. eines vertikalen einfachen Balkens auf zwei Stützen, mit den gegebenen äußeren Lasten.

Die Horizontalschübe H^k und H^f an den nicht mit äußeren Kräften belasteten Pfeilern ermitteln wir nach Formel (204) zu

$$H^k = - H^f = - \frac{\lfloor M^k \rfloor}{h + f} \quad \ldots \quad (231$$

Der vom Balken auf den Kopf eines mit den äußeren Kräften belasteten Pfeilers ausgeübte Horizontalschub H^k beträgt:

$$H^k = H_1^k + H_2^k \quad \ldots \quad (232$$

worin H_1^k gleich dem horizontalen Auflagerdruck an einem mit den äußeren Kräften belasteten vertikalen Balken auf zwei Stützen, und H_2^k gleich dem horizontalen Auflagerdruck an einem mit dem Moment M^k belasteten vertikalen Balken auf zwei Stützen, d. h. nach Formel (231) zu ermitteln.

V. Bestimmung der Hilfsgrößen: Kopfdrehung γ_0 und Kopfverschiebung v_0 an einem unten eingespannten, nach oben frei auskragenden Pfeiler infolge gegebener äußerer Lasten.

In den Formeln (216), (218) und (229) zur Bestimmung des Horizontalschubes H_1^k und des Dreh-

winkels φ_1^k, welche am Kopfe des unten eingespannten, oben gelenkartig gestützten Pfeilers während des Bewegungsvorganges I entstehen, sind noch die Kopfdrehung γ_0 und die Kopfverschiebung v_0 zu ermitteln. Nachfolgend bestimmen wir diese Hilfsgrößen für verschiedene in der Praxis vorkommende Pfeilerbelastungen, wobei wir nur den Pfeiler mit konstantem Trägheitsmoment T_s in Betracht ziehen; außerdem betrachten wir nur den Fall, daß die ganze Pfeilerhöhe mit h eingeführt, d. h. die starre Strecke f derselben vernachlässigt werden kann.

Belastungsfall 1:
Gleichförmig über die ganze Pfeilerhöhe h verteilte Streckenlast p pro steigenden Meter Pfeiler, z. B. Winddruck, oder Anteil der Überlast bei Erddruck (siehe Fig. 66).

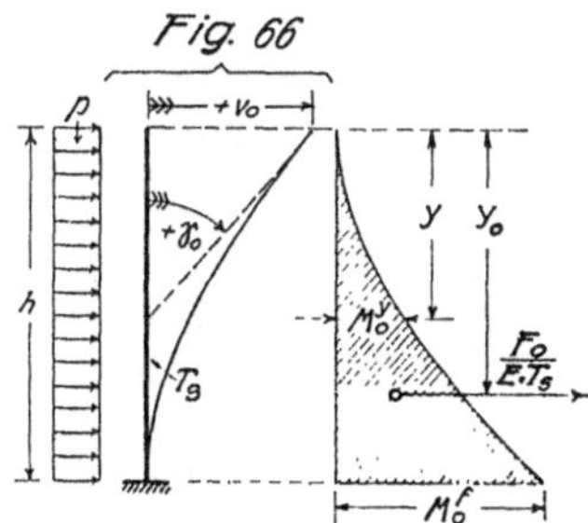

Nach dem früheren Satz II beträgt die Kopfdrehung

$$\gamma_0 = \frac{p \cdot h^3}{6 \cdot E_s \cdot T_s} \quad \ldots \quad (233$$

und nach dem früheren Satz I die Kopfverschiebung

$$v_0 = \frac{F_0}{E_s \cdot T_s} \cdot \gamma_0 = \frac{p \cdot h^4}{8 \cdot E_s \cdot T_s} \quad \ldots \quad (234$$

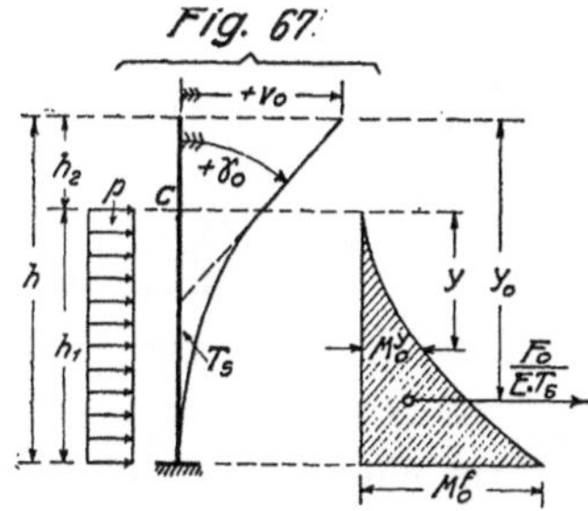

Belastungsfall 2:
Gleichförmig über die Teilstrecke h_1 verteilte Last p pro steigenden Meter Pfeiler, z. B. Winddruck, oder Anteil der Überlast bei Erddruck (siehe Fig. 67).

Nach Satz II beträgt die Kopfdrehung

$$\gamma_0 = \frac{F_0}{E_s \cdot T_s} = \frac{p \cdot h_1^3}{6 \cdot E_s \cdot T_s} \quad \ldots \quad (235$$

und nach Satz I die Kopfverschiebung

$$v_0 = \frac{F_0}{E_s \cdot T_s} \cdot y_0 = \frac{p \cdot h_1^3 \cdot (3 \cdot h_1 + 4 \cdot h_2)}{24 \cdot E_s \cdot T_s} \cdot \quad (236$$

Belastungsfall 3:

Dreiecksbelastung über der ganzen Pfeilerhöhe h, z. B. Erddruck oder Wasserdruck (siehe Fig. 68).

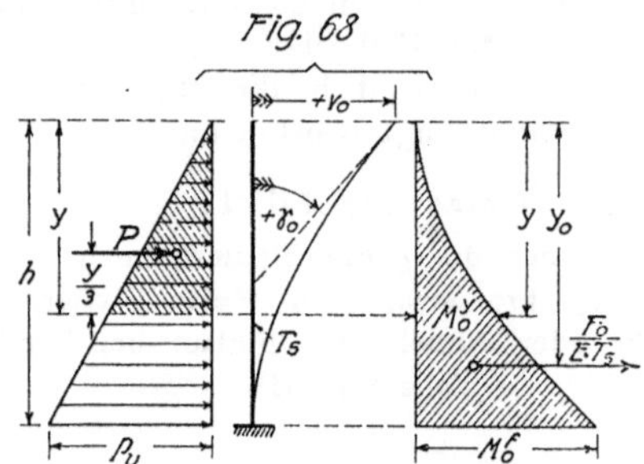

Fig. 68

Bezeichnen wir mit p_u die spezifische Belastung am Fuße des Pfeilers, so beträgt nach Satz II die Kopfdrehung

$$\gamma_0 = \frac{F_0}{E_s \cdot T_s} = \frac{p_u \cdot h^3}{24 \cdot E_s \cdot T_s} \quad \cdots \cdot (237$$

und nach Satz I die Kopfverschiebung

$$v_0 = \frac{F_0}{E_s \cdot T_s} \cdot y_0 = \frac{p_u \cdot h^4}{30 \cdot E_s \cdot T_s} \cdot \cdots \cdot (238$$

Belastungsfall 4:

Dreiecksbelastung über die Teilstrecke h_1 der Pfeilerhöhe, z. B. Erddruck oder Wasserdruck (siehe Fig. 69).

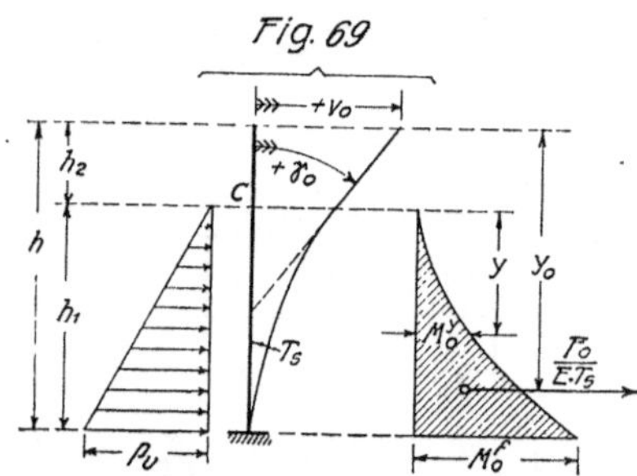

Fig. 69

Bezeichnen wir mit p_u die spezifische Belastung am Fuße des Pfeilers, so beträgt nach Satz II die Kopfdrehung

$$\gamma_0 = \frac{F_0}{E_s \cdot T_s} = \frac{p_u \cdot h_1^3}{24 \cdot E_s \cdot T_s} \quad \cdots \cdot (239$$

und nach Satz I die Kopfverschiebung

$$v_0 = \frac{F_0}{E_s \cdot T_s} \cdot y_0 = \frac{p_u \cdot h_1^3 \cdot (4 \cdot h_1 + 5 \cdot h_2)}{120 \cdot E_s \cdot T_s} \cdot \quad (240$$

Belastungsfall 5:

Horizontale Einzelkraft P im Abstande h_1 vom Pfeilerfuss (siehe Fig. 70).

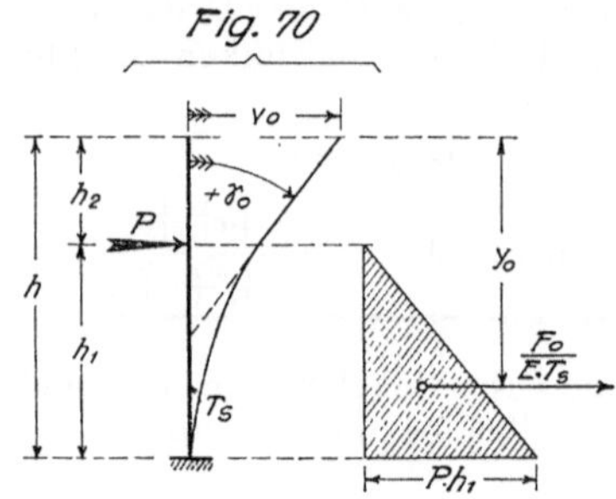

Fig. 70

Nach Satz II beträgt die Kopfdrehung

$$\gamma_0 = \frac{F_0}{E_s \cdot T_s} = \frac{P \cdot h_1^2}{2 \cdot E_s \cdot T_s} \cdot \cdots \cdot (241$$

und nach Satz I die Kopfverschiebung

$$v_0 = \frac{F_0}{E_s \cdot T_s} \cdot y_0 = \frac{P \cdot h_1^2 \cdot (2 \cdot h_1 + 3 \cdot h_2)}{6 \cdot E_s \cdot T_s} \cdot \quad (242$$

Belastungsfall 6.

Vertikale Konsollast P im Abstande c von der Pfeilerachse, z. B. der Auflagerdruck eines Laufkranes (siehe Fig. 71).

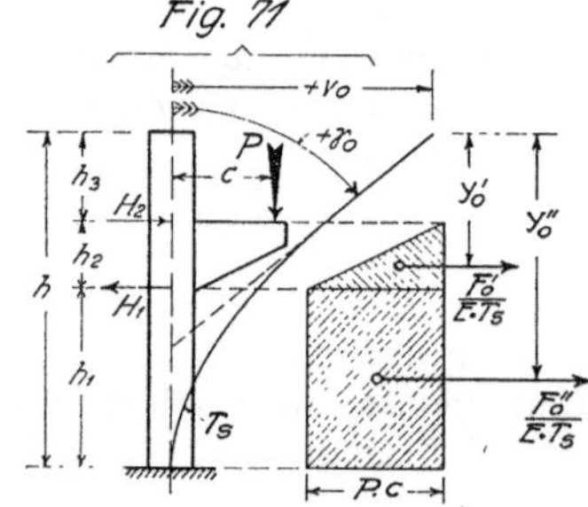

Fig. 71

Die an einer Konsole des unten eingespannten, nach oben frei auskragenden Pfeilers im Abstande c von der Pfeilerachse angreifende Kraft P (Fig. 71) zerlegen wir in die zwei folgenden Komponenten: Eine in der Pfeilerachse angreifende Vertikalkomponente, welche gleich groß und gleich gerichtet ist wie P, und ein an der Konsole angreifendes Moment P · c. Die erstere Komponente ruft gleichmäßig verteilte Normalspannungen in allen Querschnitten unterhalb der Konsole hervor und kommt für die Ermittlung von γ_0 und v_0 nicht in Betracht; das an der Konsole angreifende Moment P · c wird durch zwei horizontale, entgegengesetzt gleiche, am oberen und unteren Konsolrande wirkende Parallelkräfte

$H_1 = H_2$ in den Pfeiler übergeleitet, welche ein Kräftepaar mit dem Hebelarm h_2 und dem Moment $P \cdot c$ bilden, und welche die in Fig. 71 dargestellte, aus einem Dreieck und einem Rechteck bestehende Pfeilermomentenfläche hervorrufen.

Nach Satz II beträgt jetzt die Kopfdrehung am Pfeiler:

$$\gamma_0 = \frac{F_0{}' + F_0{}''}{E_s \cdot T_s} = \frac{P \cdot c \cdot (2 \cdot h_1 + h_2)}{2 \cdot E_s \cdot T_s} \quad . \ (243$$

und nach Satz I die Kopfverschiebung:

$$v_0 = \frac{F_0{}'}{E_s \cdot T_s} \cdot y_0{}' + \frac{F_0{}''}{E_s \cdot T_s} \, y_0{}''$$

$$= \frac{P \cdot c}{6 \cdot E_s \cdot T_s} \cdot [h_2 (2 h_2 + 3 h_3) + 3 h_1 (h_1 + 2 h_2 + 2 h_3)]$$

Belastungsfall 6a:

Vertikale Einzellast P an einer Konsole, deren Höhe gegenüber der Pfeilerhöhe klein ist und deshalb vernachlässigt werden kann (siehe Fig. 72).

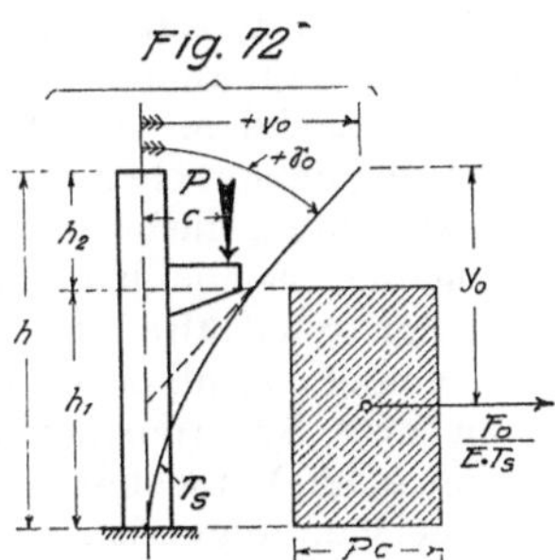

Häufig ist die Konsolhöhe klein gegenüber der Pfeilerhöhe; ferner zieht man es sehr oft aus praktischen Gründen vor, einfachere Formeln anzuwenden und dagegen eine kleine Ungenauigkeit hinzunehmen. In diesen Fällen ersetzen wir die trapezförmige Momentenfläche der Fig. 71 durch die in Fig. 72 dargestellte rechteckige Momentenfläche, deren horizontale obere Begrenzungslinie die Konsolhöhe halbiert. Wir erhalten dann an Hand der Fig. 72 nach Satz II:

$$\gamma_0 = \frac{F_0}{E_s \cdot T_s} = \frac{P \cdot c \cdot h_1}{E_s \cdot T_s} \quad . \ . \ . \ . \ (245$$

und nach Satz I:

$$v_0 = \frac{F_0}{E_s \cdot T_s} \cdot y_0 = P \cdot c \cdot \frac{h_1 \cdot (2 \cdot h - h_1)}{2 \cdot E_s \cdot T_s} \ (246$$

Setzen wir in Formel (218) den Wert

$$\gamma^h = \frac{h^2}{2 \cdot E_s \cdot T_s}$$

aus Gl. (32); den Wert

$$v_h = \frac{h^3}{3 \cdot E_s \cdot T_s}$$

aus Gl. (39); den Wert

$$\gamma_0 = \frac{P \cdot c \cdot h_1}{E_s \cdot T_s}$$

aus Gl. (245); und den Wert

$$v_0 = \frac{P \cdot c \cdot h_1 \cdot (2 \cdot h - h_1)}{2 \cdot E_s \cdot T_s}$$

aus Gl. (246) ein, so erhalten wir:

$$\gamma_1{}^k = \frac{P \cdot c \cdot h_1 \cdot (2 \cdot h - h_1)}{2 \cdot E_s \cdot T_s} \cdot \frac{\dfrac{h^2}{2 \cdot E_s \cdot T_s}}{\dfrac{h^3}{3 \cdot E_s \cdot T_s}} - \frac{P \cdot c \cdot h_1}{E_s \cdot T_s} \quad (247$$

Setzen wir darin $\gamma_1{}^k = 0$, so folgt:

$$\frac{h_1 \cdot (2 \cdot h - h_1)}{2} \cdot \frac{3}{2 \cdot h} - h_1 = 0 \quad . \ . \ (248$$

Durch Auflösen erhalten wir aus dieser Gleichung die Höhenlage h_1 (siehe Fig. 72), in welcher eine Konsole die Winkeldrehung $\varphi_1{}^k = 0$ hervorruft, zu:

$$h_1 = \frac{2 \cdot h}{3} \quad . \ . \ . \ . \ . \ . \ . \ (249$$

Ist aber $\gamma_1{}^k = 0$, so sind die in den Hauptformeln (212), (213), (214), (227), (228), (230) ausgedrückten Momente Null, so daß eine in der Höhe $h_1 = \dfrac{2 \cdot h}{3}$ angebrachte Konsolbelastung kein Kopfmoment am belasteten Pfeiler und ebenfalls keine Momente am Balken und an den übrigen Pfeilern erzeugt; es entstehen also schließlich nur Momente am belasteten Pfeiler selbst.

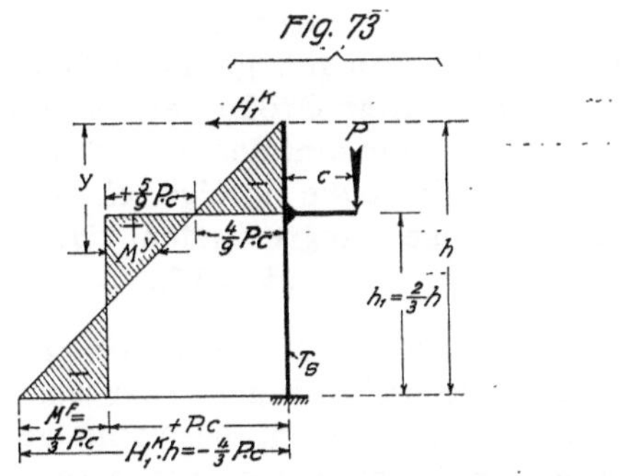

Die Momentenfläche in einem solchen Falle ist in Fig. 73 dargestellt; sie ist gleich derjenigen, welche am unten eingespannten, nach oben frei auskragenden Pfeiler durch die Belastung mit der Konsollast P und der Horizontalkraft $H_1{}^k$ entsteht.

Zweiter Teil.

Berechnung des mehrfachen Rahmens mit horizontalem Balken, oder Berechnung des in keinem Punkte festgehaltenen kontinuierlichen Balkens auf elastisch drehbaren Pfeilern für beliebige Belastung des Balkens und der Pfeiler.

Ist ein kontinuierlicher Balken auf elastisch drehbaren Pfeilern in keinem Punkte festgelagert oder festgehalten, so bildet er einen mehrfachen Rahmen mit geradem Balken, an welchem die Pfeilerköpfe durch irgendwelche äußeren oder inneren horizontalen Kräfte horizontale Verschiebungen erleiden, welche von der Größe jener Kräfte und von der Steifigkeit des Balkens, der Pfeiler und ihrer Einspannung abhängen; durch diese horizontalen Verschiebungen und die von ihnen bedingten Momente und inneren Kräfte unterscheidet sich der mehrfache Rahmen wesentlich von dem im „Ersten Teil" behandelten, in einem oder mehreren Punkten festgehaltenen kontinuierlichen Balken auf elastisch drehbaren Stützen. Es ist deshalb angezeigt, zunächst festzustellen, welche Momente und inneren Kräfte am ganzen Balken und an allen Pfeilern infolge einer gegebenen horizontalen Verschiebung eines Pfeilerkopfes (z. B. infolge Temperaturänderung) und infolge einer in Balkenachse wirkenden Horizontalkraft entstehen; bevor wir auf den eigentlichen Gang der Berechnung des mehrfachen Rahmens näher eingehen, lösen wir daher im folgenden Kapitel diese zwei grundlegenden Aufgaben.

Kapitel VII.

Ermittlung der Momente, Horizontalschübe, Querkräfte und Auflagerdrücke am mehrfachen Rahmen mit geradem Balken infolge beliebiger, ihrer Größe nach von vornherein bekannter horizontaler Verschiebungen der Pfeilerköpfe sowie infolge einer äußeren, in Balkenachse angreifenden Horizontalkraft H = 1 *).

I. Ermittlung der Momente, Horizontalschübe, Querkräfte und Auflagerdrücke am mehrfachen Rahmen mit geradem Balken infolge beliebiger, ihrer Größe nach von vornherein bekannter horizontaler Verschiebungen der Pfeilerköpfe.

Es sei vorausgesetzt, die einzelnen Pfeilerköpfe eines mehrfachen Rahmens mit geradem

Balken führen gleichzeitig horizontale Verschiebungen von gegebener, sonst aber beliebiger Größe und Richtung durch irgendwelche Ursachen, beispielsweise durch Temperaturänderung, aus. Um die hierdurch am ganzen Balken und an allen Pfeilern erzeugten Momente und inneren Kräfte zu ermitteln, gehen wir folgendermaßen vor:

Wir behandeln jede einzelne Pfeilerkopfverschiebung getrennt (laut Einleitung vernachlässigen wir den Einfluß der Normalkräfte im Balken) und sehen während dieser Zeit jeweils alle übrigen Pfeilerköpfe als in Ruhe befindlich an; diese Betrachtungsweise gestattet uns aber, den Rahmen als einen kontinuierlichen, festgelagerten Balken anzusehen, nachdem die Verschiebung vollendet ist, und dementsprechend die im „Ersten Teil" gezeigten Verfahren, insbesondere die Fixpunkte, anzuwenden. Schließlich erhalten wir die Momente und inneren Kräfte infolge der gleichzeitigen Verschiebung sämtlicher Pfeilerköpfe, indem wir nach dem Superpositionsgesetze die Wirkungen der einzelnen Verschiebungen addieren. Wir betrachten die vier folgenden Fälle:

1. Fall:
Kopfverschiebung eines am Fuße eingespannten Mittelpfeilers.

Wir legen unseren Betrachtungen den in Fig. 74 dargestellten Rahmen zugrunde und nehmen an, der Kopf des Mittelpfeilers B führe die horizontale positive Verschiebung $\varDelta B = BB'$ nach rechts aus (eine Rechtsverschiebung und Rechtsdrehung des Pfeilerkopfes führen wir als positiv ein), während alle übrigen Pfeilerköpfe keine Verschiebung erleiden. Die hierbei am ganzen Rahmen entstehende, in Fig. 74 dargestellte Formänderung setzt sich aus den Formänderungen zusammen, welche bei den folgenden zwei Bewegungsvorgängen stattfinden:

Bewegungsvorgang I.

Nachdem die positive Verschiebung $\varDelta B$ und die ihr entsprechende, in Fig. 74 dargestellte Formänderung stattgefunden hat, stützen wir den Balken im Querschnitt B^l unmittelbar links von B und im Querschnitt B^r unmittelbar rechts von B sowie den Pfeiler im Querschnitt B^k unmittelbar unterhalb B in je einem festen Gelenk, und trennen

*) Vergl. Dr.-Ing. Max Ritter: Der kontinuierliche Balken auf elastisch drehbaren Stützen, Schweiz. Bauzeitung, Band **57**, Heft 4.

dann Balken und Pfeiler in den vorgenannten Schnitten entzwei. Die hierbei entstehende Formänderung ist in Fig. 74a dargestellt: Die Pfeiler A, C und D sowie der Balken gehen wieder in die gestreckte, biegungsspannungslose Form über, während der Pfeiler B sich wie ein unten eingespannter, nach oben frei auskragender Balken deformiert, welcher an seinem Kopfe mit einer horizontalen Kraft H_{B1}^{k}, dem Auflagerdruck des vorgenannten Gelenklagers, belastet ist. Die Größe dieser Kraft ist deshalb aus der Bedingung zu bestimmen, daß H_{B1}^{k} gerade imstande sein muß, den Kopf des unten eingespannten, nach oben frei auskragenden Pfeilers B um die Strecke $\varDelta B$ zu verschieben. Außer der positiven Verschiebung $\varDelta B$ erzeugt die Belastung H_{B1}^{k} noch eine positive Drehung γ_{B1}^{k} des Kopfquerschnittes B^{k}, welche wir später bestimmen.

Bewegungsvorgang II.

Der Bewegungsvorgang II besteht darin, dem freien Querschnitt B^{k} des in Fig. 74a gelenkartig gestützten Pfeilerkopfes, dem freien Querschnitt B^{l} des gelenkartig gestützten rechten Balkenendes der Öffnung l_1, und dem freien Querschnitt B^{r} des gelenkartig gestützten linken Balkenendes der Öffnung l_2 solche Drehungen zu erteilen, daß dieselben wieder miteinander vereinigt werden können wie vor der Schnittführung. Zu diesem Zweck müssen wir offenbar am Pfeilerkopf ein links drehendes, negatives Moment M_{B}^{k}, am Querschnitt B^{l} der Öffnung l_1 ein rechts drehendes, negatives Moment M_{B}^{l}, und am Querschnitt B^{r} der Öffnung l_2 ein rechts drehendes, positives Moment M_{B}^{r} anbringen (Fig. 75).

Die Vorzeichen der Momente M_{B}^{k}, M_{B}^{l} und M_{B}^{r} sind hiermit beim Bewegungsvorgang II bereits aus der Anschauung festgesetzt worden und können später ohne weiteres in die erhaltenen Formeln eingeführt werden; die Größe dieser Momente erhalten wir wie folgt:

Führen wir, wie in Kapitel VI, die Drehwinkel τ_{B}^{k}, τ_{B}^{l} und τ_{B}^{r} infolge $M_{B}^{k}=1$, bezw. $M_{B}^{l}=1$, bezw. $M_{B}^{r}=1$ ein, so muß die aus dem Bewegungsvorgang I und II hervorgehende gesamte Drehung des Querschnitts B^{k}, nämlich:

$$+\gamma_{B1}^{k} - M_{B}^{k} \cdot \tau_{B}^{k} \quad \text{(Fig. 75)}$$

gleich sein der positiven Drehung des Querschnitts B^{l} während des Bewegungsvorganges II, nämlich

$$M_{B}^{l} \cdot \tau_{B}^{l} \quad \text{(Fig. 75)},$$

und ebenfalls gleich sein der positiven Drehung

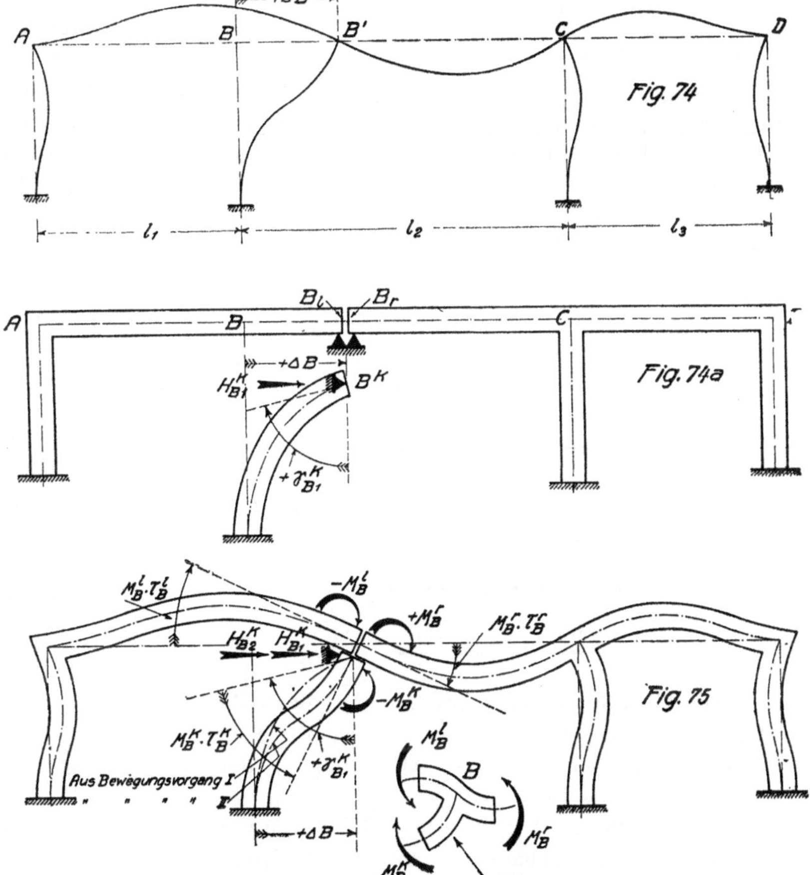

des Querschnitts B^{r} während des Bewegungsvorganges II, nämlich

$$M_{B}^{r} \cdot \tau_{B}^{r} \quad \text{(Fig. 75)}.$$

Es müssen daher folgende zwei Gleichungen bestehen:

$$\gamma_{B1}^{k} - M_{B}^{k} \cdot \tau_{B}^{k} = M_{B}^{l} \cdot \tau_{B}^{l} \quad . \quad . \quad . \quad . \quad (250$$

und

$$\gamma_{B1}^{k} - M_{B}^{k} \cdot \tau_{B}^{k} = M_{B}^{r} \cdot \tau_{B}^{r} \quad . \quad . \quad . \quad . \quad (251$$

Betrachten wir jetzt noch den herausgetrennten Knotenpunkt B (Fig. 75a). An demselben müssen wir die Momente M_B^k, M_B^l und M_B^r mit dem entgegengesetzten Drehsinn anbringen wie vorhin am Querschnitt B^k des vom Balken getrennten Pfeilers, am Querschnitt B^l des freien rechten Balkenendes der Öffnung l_1 und am Querschnitt B^r des freien linken Balkenendes der Öffnung l_2. Aus der Gleichgewichtsbedingung

$\sum M = 0$ folgt dann:

$$M_B^k = M_B^l + M_B^r \quad \ldots \ldots (252$$

(absolute Werte).

Setzen wir M_B^k aus Gl. (252) in die Gl. (250) und (251) ein und lösen dieselben auf, so erhalten wir schließlich mit Einführung der durch die Bewegungsvorgänge I und II festgelegten Vorzeichen von γ_{B1}^k, M_B^l, M_B^r und M_B^k analog wie in Kapitel VI, Abschnitt I auf Seite 48 die folgenden

Hauptformeln:

$$M_B^l = - \frac{\left[\gamma_{B1}^k\right]}{\tau_B^l + \tau_B^k + \dfrac{\tau_B^l \cdot \tau_B^k}{\tau_B^r}} \quad \ldots (253$$

$$M_B^r = + \frac{\left[\gamma_{B1}^k\right]}{\tau_B^r + \tau_B^k + \dfrac{\tau_B^r \cdot \tau_B^k}{\tau_B^l}} \quad \ldots (254$$

$$M_B^k = \left[M_B^l\right] - \left[M_B^r\right] \quad \ldots \ldots (255$$

Die Gl. (253) und (254) ergeben stets das richtige Vorzeichen von M_B^l und M_B^r, wenn wir in dieselben die nur von den Abmessungen der Konstruktion abhängigen Drehwinkel τ_B^l, τ_B^r und τ_B^k mit ihrem Absolutwerte und den von der Verschiebung ΔB abhängigen Drehwinkel γ_{B1}^k mit seinem Vorzeichen einsetzen; desgleichen ergibt Hauptformel (255) stets das richtige Vorzeichen von M_B^k, wenn wir in die Klammern der rechten Seite M_B^l und M_B^r mit ihrem aus den Formeln (253) und (254) hervorgehenden Vorzeichen einsetzen.

Die in den Hauptformeln (253) und (254) vorkommenden Drehwinkel ermitteln wir wie folgt:

a) τ_B^l nach den Formeln (107) und (108), in welchen wir mit Bezug auf Fig. 74 und 76 $l' = l_1$ und $a' = a_1$ setzen.

b) τ_B^r nach Formel (119), in welcher wir mit Bezug auf Fig. 74 und 76 $l'' = l_2$ und $b'' = b_2$ setzen;

c) τ_B^k nach den Formeln (41), (42), (49), (50).

d) Den während des Bewegungsvorganges I entstehenden, der Kopfverschiebung ΔB entsprechenden Drehwinkel γ_{B1}^k am Kopfe des unten eingespannten, nach oben frei auskragenden Pfeilers B (Fig. 74a) bestimmen wir wie folgt:

Nach früherem (siehe Ermittlung der Formeln für die Winkeldrehung τ^k) erzeugt die Horizontalkraft $H_B^k = 1$, welche am Kopfe des unten eingespannten, nach oben frei auskragenden Pfeilers angreift, eine horizontale Kopfverschiebung v_{Bh} und eine Kopfdrehung γ_{Bh}; wir können daher sagen:

der Verschiebung v_{Bh} entspricht eine Drehung γ_{Bh};

der Verschiebung $v_{Bh} = 1$ entspricht dann eine Drehung $\dfrac{\gamma_{Bh}}{v_{Bh}}$, und

der Verschiebung ΔB entspricht schließlich eine Drehung

$$\gamma_{B1}^k = [\Delta B] \cdot \frac{\gamma_{Bh}}{v_{Bh}} \quad \ldots (256$$

Nach Gl. (256) erhalten wir am Pfeiler mit konstantem Trägheitsmoment, wenn wir γ_{Bh} aus Gl. (32) und v_{Bh} aus Gl. (39) einsetzen:

$$\gamma_{B1}^k = [\Delta B] \cdot \frac{3 \cdot (h + 2 \cdot f)}{2 \cdot (h^2 + 3 \cdot h \cdot f + 3 \cdot f^2)} \quad \ldots (257$$

woraus mit $f = 0$ folgt:

$$\gamma_{B1}^k = [\Delta B] \cdot \frac{3}{2 \cdot h} \quad \ldots (258$$

Desgleichen erhalten wir nach Gl. (256) am Pfeiler mit veränderlichem Trägheitsmoment, wenn wir γ_{Bh} aus Gl. (44) und v_{Bh} aus Gl. (46) einsetzen:

$$\gamma_{B1}^k = [\Delta B] \cdot \frac{\displaystyle\sum_0^h \frac{\Delta s}{T_s} \cdot (f + y)}{\displaystyle\sum_0^h \frac{\Delta s}{T_s} \cdot (f + y)^2} \quad \ldots (259$$

woraus mit $f = 0$ folgt

$$\gamma_{B1}^k = [\Delta B] \cdot \frac{\displaystyle\sum_0^h \frac{\Delta s}{T_s} \cdot y}{\displaystyle\sum_0^h \frac{\Delta s}{T_s} \cdot y^2} \quad \ldots (260$$

Die Winkeldrehung γ_{B1}^k erhalten wir nach Gl. (256) stets mit ihrem richtigen Vorzeichen, wenn wir eine Rechtsverschiebung $\varDelta B$ als positiv und eine Linksverschiebung $\varDelta B$ als negativ einführen; die Größen γ_{Bh} und v_{Bh} hingegen werden mit ihrem absoluten Werte eingesetzt.

Zur Bestimmung der Momente, Horizontalschübe, Querkräfte und Auflagerdrücke am Balken und an den Pfeilern des Rahmens infolge der Kopfverschiebung $\varDelta B$ des Mittelpfeilers B gehen wir jetzt wie folgt vor:

1. Wir ermitteln zunächst M_B^l und M_B^r nach den Formeln (253) und (254) und bestimmen dann M_B^k nach Formel (255).

2. Die Momentenfläche am ganzen Balken (Fig. 76) erhalten wir wie folgt: Wir tragen M_B^l unmittelbar links von B auf und pflanzen dasselbe mittels des Fixpunktes J_1 nach links über den Balken der Öffnung l_1 fort; desgleichen tragen wir M_B^r unmittelbar rechts von B auf und pflanzen dasselbe mittels der Fixpunkte K_2 und K_3 sowie mittels des Verkleinerungskoeffizienten μ_C^r nach rechts über die Öffnungen l_2 und l_3 fort.

3. Die Momentenfläche an den Pfeilern A, C und D, deren Köpfe keine Verschiebung ausführen, ermitteln wir genau wie im Abschnitt II des Kapitels V beschrieben wurde (Fig. 76a, 76c, 76d), d. h. wir bestimmen den Abstand des Momentennullpunktes vom Pfeilerkopf nach den Formeln (130), (131), (132), tragen das Pfeilerkopfmoment als horizontale Strecke an den Pfeilerkopf an und verbinden den Endpunkt derselben mit dem Momentennullpunkt; diese bis zum Pfeilerfuß verlängerte Verbindungslinie bildet die Begrenzung der Momentenfläche.

Die Horizontalschübe H_A^k, H_C^k und H_D^k (Fig. 76a, 76c, 76d), welche vom Balken auf die Köpfe der Pfeiler A, C und D ausgeübt werden, sind gleich den horizontalen Auflagerdrücken („Reaktionen"), welche an den vom Balken getrennten, am Fuße eingespannten und am Kopfe frei drehbar gestützten Pfeilern infolge Belasten derselben mit den Pfeilerkopfmomenten M_A^k, bzw. M_C^k, bzw. M_D^k entstehen; H_A^k, H_C^k und H_D^k werden daher mittels der Formeln (200), (201), (202), (203) nach Größe und Vorzeichen berechnet.

4. Die Momentenfläche am Pfeiler B,

dessen Kopf die Verschiebung $\varDelta B$ ausführt, ermitteln wir folgendermaßen (Fig. 76b):

Wir bestimmen zunächst den gesamten Horizontalschub H_B^k, welcher vom Balken auf den Kopf des Pfeilers B übertragen wird und folgenden Ausdruck hat:

$$H_B^k = H_{B1}^k + H_{B2}^k \quad \ldots \ldots \quad (261$$

In Gl. (261) ist H_{B1}^k der während des Bewegungsvorganges I entstehende horizontale Auflagerdruck, welcher imstande ist, den Kopf des unten eingespannten, nach oben frei auskragenden Pfeilers um die Strecke $\varDelta B$ zu verschieben; bezeichnen wir wie früher mit v_{Bh} die Kopfverschiebung des Pfeilers B infolge $H_B^k = 1$, so erhalten wir nach Vorstehendem folgende Gleichung:

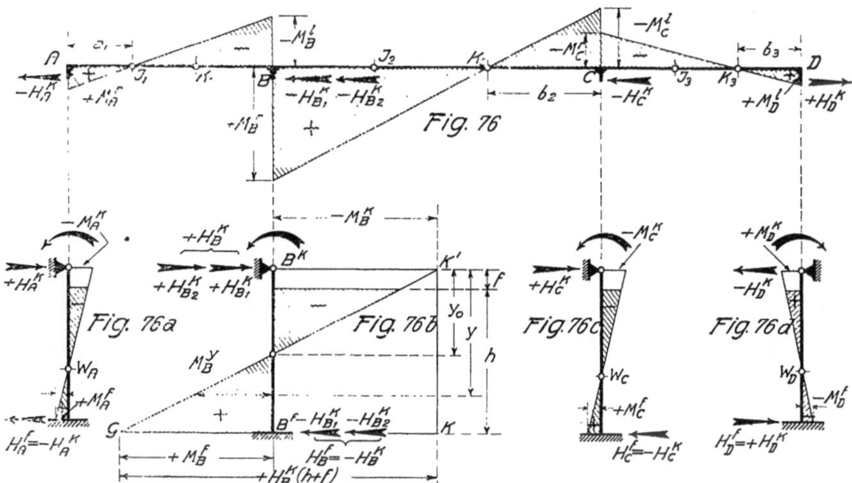

$$\cdot \, [\varDelta B] = H_{B1}^k \cdot v_{Bh} \quad \ldots \ldots \quad (262$$

daraus ergibt sich

$$H_{B1}^k = \frac{[\varDelta B]}{v_{Bh}} \quad \ldots \ldots \quad (263$$

Nach Gl. (263) erhalten wir am Pfeiler mit konstantem Trägheitsmoment, wenn wir v_{Bh} aus Gl. (39) einsetzen

$$H_{B1}^k = [\varDelta B] \cdot \frac{3 \cdot E_s \cdot T_s}{h \cdot (h^2 + 3 \cdot h \cdot f + 3 \cdot f^2)} \quad (264$$

woraus für den Fall $f = 0$ folgt:

$$H_{B1}^k = [\varDelta B] \cdot \frac{3 \cdot E_s \cdot T_s}{h^3} \quad \ldots \ldots \quad (265$$

Desgleichen erhalten wir nach Gl. (263) am Pfeiler mit veränderlichem Trägheitsmoment, wenn wir v_{Bh} aus Gl. (46) einsetzen:

$$H_{B1}^k = [\varDelta B] \cdot \frac{E_s}{\sum\limits_0^h \frac{\varDelta s}{T_s} \cdot (f+y)^2} \quad \text{. . (266}$$

woraus für den Fall $f = 0$ folgt:

$$H_{B1}^k = [\varDelta B] \cdot \frac{E_s}{\sum\limits_0^h \frac{\varDelta s}{T_s} \cdot y^2} \quad \text{. . . (267}$$

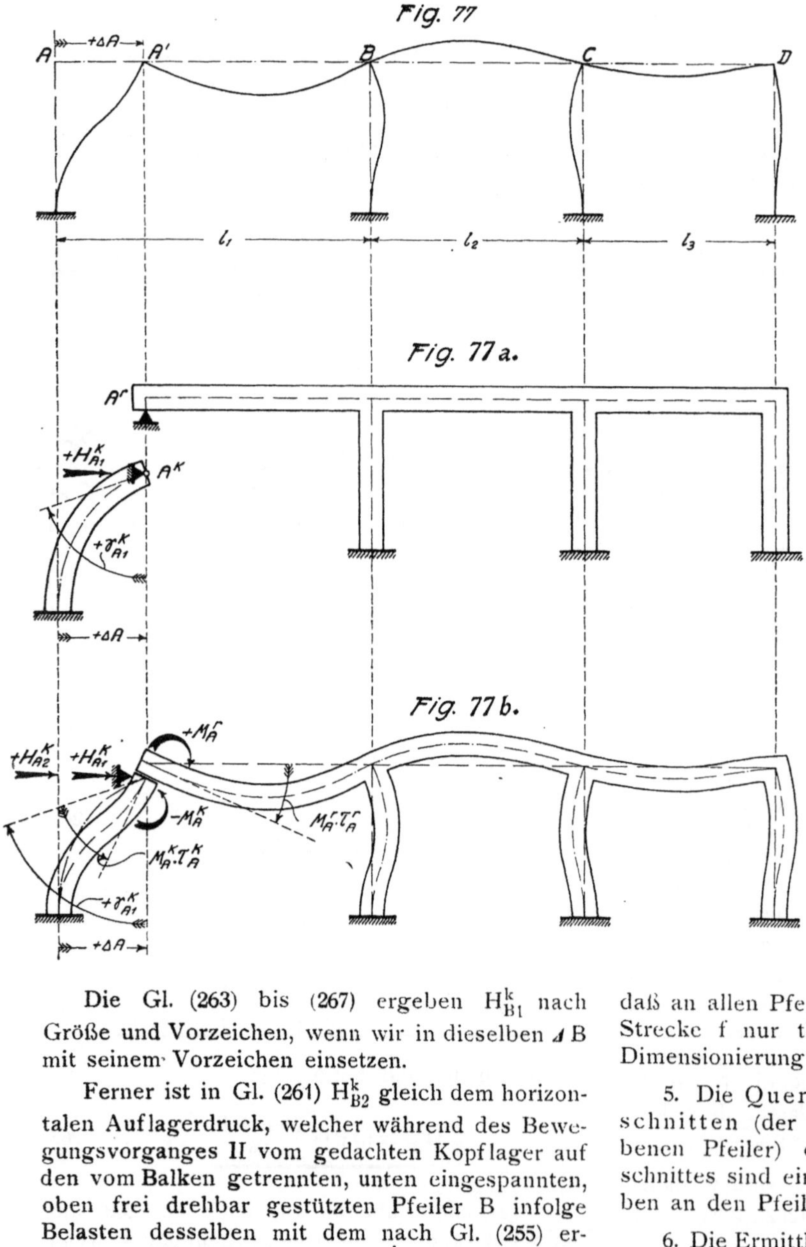

Fig. 77

Fig. 77 a.

Fig. 77 b.

Die Gl. (263) bis (267) ergeben H_{B1}^k nach Größe und Vorzeichen, wenn wir in dieselben $\varDelta B$ mit seinem Vorzeichen einsetzen.

Ferner ist in Gl. (261) H_{B2}^k gleich dem horizontalen Auflagerdruck, welcher während des Bewegungsvorganges II vom gedachten Kopflager auf den vom Balken getrennten, unten eingespannten, oben frei drehbar gestützten Pfeiler B infolge Belasten desselben mit dem nach Gl. (255) ermittelten **Pfeilerkopfmoment** M_B^k ausgeübt wird;

H_{B2}^k wird mittels der Formeln (200), (201), (202), (203) nach Größe und Vorzeichen ermittelt; H_{B1}^k und H_{B2}^k haben stets dasselbe Vorzeichen.

Nachdem H_B^k wie vorstehend ermittelt ist, erhalten wir die Momentenfläche am Pfeiler B, indem wir den unten eingespannten, nach oben frei auskragenden Pfeiler B (Fig. 76b) am Kopfe mit dem Moment M_B^k und der Horizontalkraft H_B^k belasten; die in Fig. 76b dargestellte Momentenfläche setzt sich daher aus dem negativen Rechteck $BkBfKK'$ infolge der Belastung M_B^k und dem positiven Dreieck $K'KG$ infolge der Belastung H_B^k zusammen. Das Moment M_B^y in einem Pfeilerquerschnitt mit dem beliebigen Abstand y vom Pfeilerkopf beträgt daher

$$M_B^y = H_B^k \cdot y - M_B^k \quad \text{. . . . (268}$$

am Pfeilerfuß erhalten wir ein Moment

$$M_B^r = H_B^k \cdot (h+f) - M_B^k \quad \text{. . (269}$$

Setzen wir in Gl. (268) $M_B^y = 0$, so erhalten wir daraus den Abstand y_0 des Momentennullpunktes zu:

$$y_0 = \frac{M_B^k}{H_B^k} \quad \text{. . . . . . (270}$$

Die Momentenfläche am Pfeiler B können wir jetzt auch in der Weise bestimmen, daß wir das Moment M_B^k als horizontale Strecke am Pfeilerkopf antragen und das freie Ende derselben mit dem nach Gl. (270) ermittelten Momentennullpunkt verbinden.

Es ist noch hervorzuheben, daß an allen Pfeilern die Momentenfläche auf der Strecke f nur theoretischen Wert hat und zur Dimensionierung nicht gebraucht wird.

5. Die Querkräfte in allen Pfeilerquerschnitten (der verschobenen und nicht verschobenen Pfeiler) einschl. des Einspannungsquerschnittes sind einfach gleich den Horizontalschüben an den Pfeilerköpfen.

6. Die Ermittlung der Querkräfte und Auflagerdrücke am Balken, der Normalkräfte an

den Pfeilern und der Bodendrücke der Pfeilerfundamente führen wir genau so durch, wie dies in Abschnitt III des Kapitels V erläutert und in den Fig. 57 und 58 dargestellt wurde.

2. Fall:
Kopfverschiebung eines am Fuße eingespannten linken Endpfeilers.

Wir nehmen an, der Kopf des linken Endpfeilers A des in Fig. 77 dargestellten Rahmens führe die horizontale Verschiebung $\varDelta A = AA'$ nach rechts aus, während alle übrigen Pfeilerköpfe in Ruhe bleiben.

Zunächst ermitteln wir das im Kopfquerschnitt A^k des verschobenen Pfeilers auftretende Moment M_A^k bzw. das dem letzteren gleiche Moment M_A^r im Querschnitt A^r unmittelbar rechts der Pfeilerachse. Zu dem Zweck betrachten wir die folgenden zwei Bewegungsvorgänge:

Bewegungsvorgang I.

Nachdem die positive Verschiebung $\varDelta A$ vollendet ist, stützen wir den Pfeiler A im Querschnitt A^k und den Balken im Querschnitt A^r in je einem festen Gelenk und trennen dann den Pfeiler vom Balken durch einen am Kopfe geführten Schnitt. Die hierbei entstehende Formänderung ist in Fig. 77a dargestellt: Die Pfeiler B, C und D sowie auch der Balken nehmen wieder eine gestreckte Form an, während Pfeiler A sich wie ein unten eingespannter, nach oben frei auskragender Balken deformiert, dessen Kopf durch eine horizontale Kraft H_{A1}^k um die Strecke $\varDelta A$ nach rechts verschoben wird. Bei diesem Bewegungsvorgang entsteht außer der positiven Verschiebung $\varDelta A$ auch noch eine positive Drehung des Pfeilerkopfes, welche wir mit γ_{A1}^k bezeichnen.

Bewegungsvorgang II.

Jetzt suchen wir die Querschnitte A^k und A^r zu beiden Seiten des geführten Schnittes wieder miteinander zu vereinigen wie vor der Trennung; zu dem Zweck müssen wir offenbar am gelenkartig gelagerten Pfeilerkopf ein links drehendes, negatives Moment M_A^k und am frei drehbar gestützten linken Balkenende der Öffnung l_1 ein rechts drehendes, positives Moment M_A^r anbringen (Fig. 77b).

Nachdem am Ende des Bewegungsvorganges II die Querschnitte A^k und A^r zu beiden Seiten des Trennungsabschnittes wieder vereinigt sind, müssen beide dieselbe Drehung ausgeführt haben; diese Drehungen betragen:

$$\text{Drehung von } A^k = \gamma_{A1}^k - M_A^k \cdot \imath_A^k,$$

$$\text{Drehung von } A^r = M_A^r \cdot \imath_A^r,$$

wobei $\imath_A^k$ und $\imath_A^r$ wie früher die Drehwinkel

infolge $M_A^k = 1$ bzw. $M_A^r = 1$ bedeuten. Da nun beide Drehungen nach Obigem einander gleich sein müssen, so erhalten wir die folgende Geichung:

$$\gamma_{A1}^k - M_A^k \cdot \imath_A^k = M_A^r \cdot \imath_A^r \quad \ldots \quad (271$$

Setzen wir darin $M_A^k = M_A^r$ und lösen auf, so erhalten wir mit Berücksichtigung der bereits vorhin festgesetzten Vorzeichen von M_A^r und M_A^k die nachstehenden

Hauptformeln:

$$M_A^r = + \frac{[\gamma_{A1}^k]}{\imath_A^r + \imath_A^k} \quad \ldots \ldots (272$$

und

$$M_A^k = - \frac{[\gamma_{A1}^k]}{\imath_A^r + \imath_A^k} \quad \ldots \ldots (273$$

Die Hauptformeln (272) und (273) ergeben die Momente M_A^r und M_A^k stets mit ihrem richtigen Vorzeichen, wenn wir die darin vorkommenden Drehwinkel $\imath_A^r$, $\imath_A^k$ und γ_{A1}^k nach Größe und Vorzeichen genau so einführen, wie dies in dem auf die Hauptformeln (253), (254) und (255) folgenden Text angegeben wurde; desgleichen werden die von der Verschiebung $\varDelta A$ am ganzen Rahmen hervorgerufenen Momente, Horizontalschübe, Querkräfte und Auflagerdrücke in ähnlicher Weise ermittelt wie in den Nummern 1 bis 6 des vorhergehenden 1. Falles erläutert wurde. Hierbei ist hervorzuheben, daß am Kopfe des Pfeilers A, wie stets am verschobenen Pfeiler, zwei Horizontalschübe auftreten, von denen der erste von der Verschiebung $\varDelta A$ abhängt und nach den Gl. (264), (265), (266), (267) zu bestimmen ist, während der zweite vom Pfeilerkopfmoment M_A^k abhängt und nach den Gl. (200), (201), (202), (203) ermittelt wird; an den in Ruhe verbleibenden Pfeilerköpfen B, C und D hingegen tritt nur je ein Horizontalschub auf, welcher von dem entsprechenden Pfeilerkopfmoment abhängt und nach den Gl. (200), (201), (202), (203) bestimmt wird.

3. Fall:
Kopfverschiebung eines am Fuße eingespannten rechten Endpfeilers.

Wir nehmen an, der Kopf des rechten Endpfeilers D des in Fig. 78 dargestellten Rahmens führe eine horizontale Verschiebung $\varDelta D = DD'$ nach rechts aus, während alle übrigen Pfeilerköpfe in Ruhe bleiben.

Zunächst bestimmen wir das im Kopfquerschnitt D^k des verschobenen Pfeilers auftretende Moment M_D^k, bezw. das dem letzteren gleiche

Moment M_D^l im Querschnitt D^l unmittelbar links der Pfeilerachse D. Zu dem Zweck führen wir sinngemäß dieselben Bewegungsvorgänge I und II durch wie bei dem vorhergehenden 2. Fall, und erhalten hieraus schließlich die

Hauptformel:

$$M_D^l = M_D^k = -\frac{[\gamma_{D1}^k]}{\tau_D^l + \tau_D^k} \quad \ldots \ldots (274$$

aus welcher M_D^l und M_D^k stets mit ihrem richtigen Vorzeichen hervorgehen.

winkel γ_1^k, welcher während des Bewegungsvorganges I durch Verschieben eines Pfeilerkopfes um die Strecke $\varDelta$ am Kopfe dieses oben und unten gelenkartig gestützten Pfeilers entsteht, erhalten wir zu

$$\operatorname{tg} \gamma_1^k = \frac{[\varDelta]}{h+f} \quad \ldots \ldots (275$$

und weil γ_1^k sehr klein ist, so ergibt sich:

$$\gamma_1^k = \frac{[\varDelta]}{h+f} \quad \ldots \ldots (276$$

hierin ist $\varDelta$ die angenommene Kopfverschiebung eines Pfeilers, die mit ihrem Vorzeichen einzuführen ist, und $(h+f)$ die ganze Höhe des betrachteten Pfeilers.

Die Horizontalschübe H^k und H^f an den Köpfen bezw. Fußgelenken aller (auch der verschobenen) Pfeiler betragen nach Formel (204):

$$H^k = -H^f = -\frac{[M^k]}{h+f} \quad (277$$

II. Ermittlung der Momente M*, Horizontalschübe H*, Querkräfte Q* und Auflagerdrücke V* am mehrfachen Rahmen mit geradem Balken infolge einer äußeren, in Balkenachse angreifenden Horizontalkraft H = 1.

Zur Bestimmung der vorgenannten Momente und Kräfte infolge der Belastung des Rahmens mit der äußeren Kraft H = 1 verschieben wir

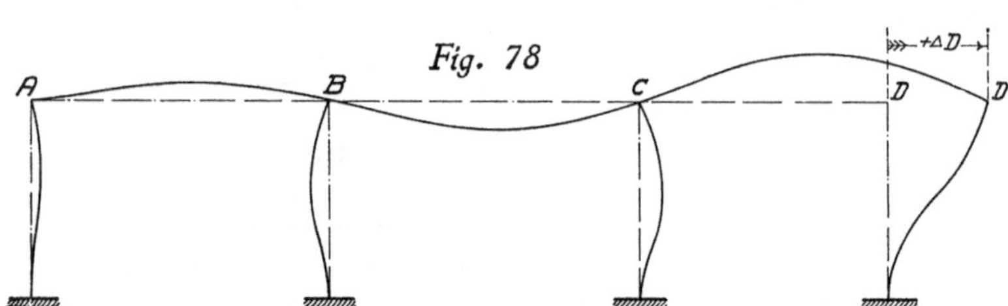

Fig. 78

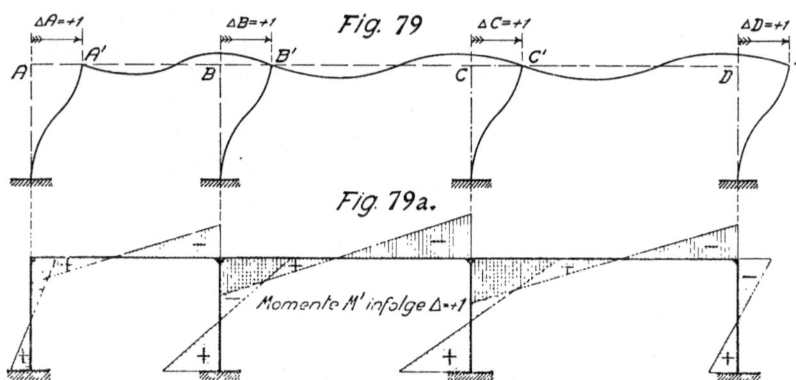

Die Drehwinkel τ_D^l, τ_D^k und γ_{D1}^k der Hauptformel (274) sowie die Momente, Horizontalschübe, Querkräfte und Auflagerdrücke am ganzen Rahmen infolge der Verschiebung $\varDelta D$ ermitteln wir in ähnlicher Weise, wie dies in den Nummern 1 bis 6 des 1. Falles erläutert wurde.

4. Fall:
Kopfverschiebung eines am Fuße gelenkartig gelagerten Pfeilers.

Führen wir sinngemäß dieselben Bewegungsvorgänge wie bei den vorhergehenden Fällen durch, so gelangen wir auch bei den Pfeilern mit Fußgelenk zu den Hauptformeln (253), (254), (255), (272), (273), (274), worin jedoch die Drehwinkel τ^k und γ_1^k andere, durch die gelenkartige Lagerung der Pfeilerfüße bedingte Werte haben.

Die Drehwinkel τ^k erhalten wir aus den früheren Formeln (52), (53), (56), (57). Den Dreh-

den Längsbalken des Rahmens und damit alle Pfeilerköpfe um die horizontale Strecke $\varDelta = 1$ in Richtung der Kraft H = 1 (Fig. 79), beispielsweise um $\varDelta = 1$ mm, ermitteln nach dem im vorhergehenden Abschnitt I entwickelten Verfahren die resultierenden Momente M' am ganzen Rahmen (Fig. 79a) sowie den an jedem Pfeilerkopf (nicht am Balken, also „Reaktion") angreifenden resultierenden Horizontalschub $H^{k'}$ infolge der Verschiebung $\varDelta = 1$ sämtlicher Pfeilerköpfe, und bilden schließlich den Ausdruck $\sum H^{k'}$, wobei die Vorzeichen der einzelnen Kräfte $H^{k'}$ zu berücksichtigen sind; der Verschiebung $\varDelta = 1$ entsprechen also die Momente M' und eine in Balkenachse wirkende Kraft $\sum H^{k'}$. Umgekehrt können wir jetzt sagen: Die als äußere Belastung am Rahmen angebrachte Horizontalkraft $\sum H^{k'}$

erzeugt die Verschiebung $\varDelta = 1$ und die Momente M'; mithin erzeugt die äußere Horizontalkraft $H = 1$ eine Verschiebung $\dfrac{\varDelta = 1}{\sum Hk'}$ und die

Momente $\dfrac{M'}{\sum Hk'}$.

Nachdem man also die Momente M', Horizontalschübe H', Querkräfte Q' und Auflagerdrücke V' am Rahmen infolge der Verschiebung $\varDelta = 1$ ermittelt hat, erhält man durch Multiplikation derselben mit dem Faktor $\dfrac{1}{\sum Hk'}$ die gesuchten Momente M^*, Horizontalschübe H^*, Querkräfte Q^* und Auflagerdrücke V^* infolge der Belastung $H = 1$.

Es sei noch darauf aufmerksam gemacht, daß die Momente M^*, Horizontalschübe H^*, Querkräfte Q^* und Auflagerdrücke V^* nur abhängig von den Abmessungen eines Rahmens sind und daher für einen gegebenen Rahmen feste Werte haben; dies vereinfacht die Berechnung eines Rahmens für mehrere Belastungsfälle wesentlich.

In folgendem Abschnitt III ermitteln wir nun als Beispiel zu den Abschnitten I und II dieses Kapitels die Momente M^* und Horizontalschübe H^k für den einfachen Rahmen mit geradem Balken, welche Werte wir, wie in Kapitel VIII erläutert, zur Berechnung eines einfachen Rahmens mit geradem Balken für beliebige Balken- und Pfeilerbelastung benötigen.

III. Ermittlung der Momente M^* und Horizontalschübe H^* am einfachen Rahmen mit geradem Balken. (Hilfsgrößen zur Berechnung des einfachen Rahmens mit geradem Balken.)

Wir führen sowohl die Berechnung des unten eingespannten, als auch diejenige des unten gelenkartig gelagerten Rahmens unter folgenden Annahmen durch (vergl. Fig. 80 u. 81):

Die Dehnungszahl E sei am ganzen Rahmen konstant. Das Trägheitsmoment T_1 des Balkens mit der Stützweite l_1 sei konstant; beide Pfeiler haben gleiche Höhe h, und die starre Strecke f der Pfeilerhöhe wird vernachlässigt. Ferner setzen wir in allen Formeln

$$\frac{T_1}{T_2} = n.$$

In bezug auf das Vorzeichen der Momente bleiben wir bei der früher gemachten Annahme; d. h. ein Balkenmoment ist positiv, wenn es an der unteren Balkenkante, und ein Pfeilermoment ist positiv, wenn es an der linken Pfeilerkante

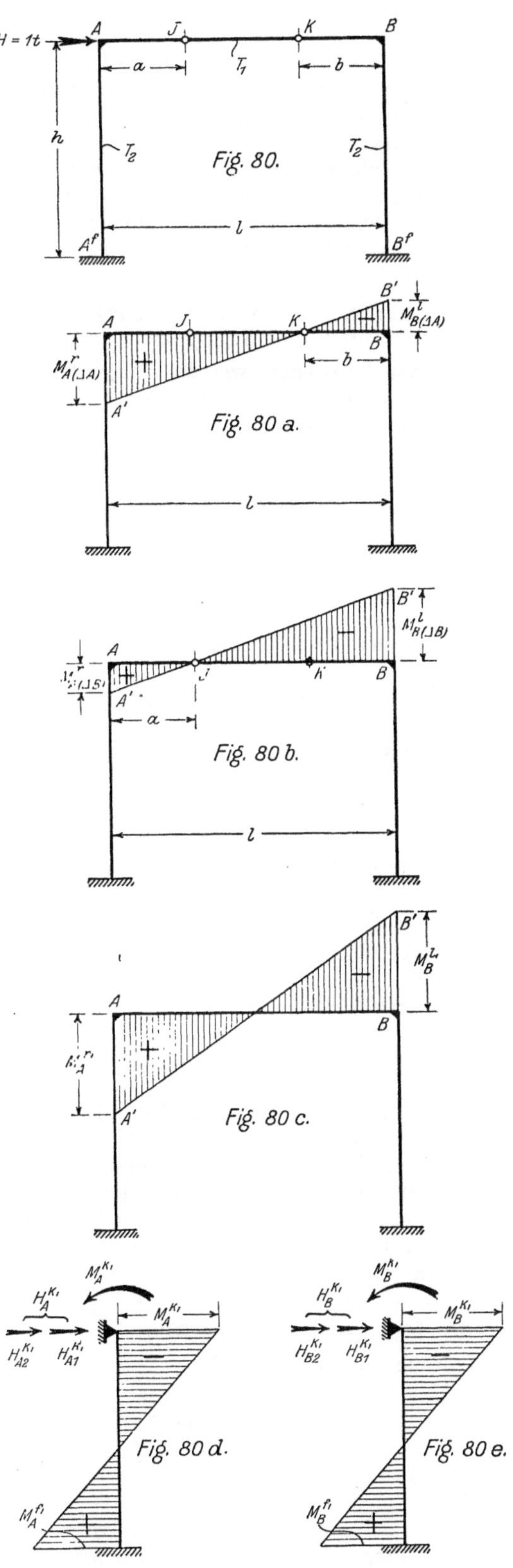

Zugspannungen hervorruft. In der Literatur findet man oft bei Berechnung des einfachen Rahmens ein Moment als positiv eingeführt, welches an der inneren Rahmenkante Zugspannungen hervorruft; da jedoch die erstgenannte Vorzeichenannahme besser auf den allgemeinen Fall des mehrfachen Rahmens anwendbar ist, wollen wir dieselbe auch für den Sonderfall des einfachen Rahmens beibehalten. Die Momentenfläche tragen wir stets an die Zugkante des Balkens und der Pfeiler an.

1. Einfacher Rahmen mit Einspannung an den Pfeilerfüßen (Fig. 80).

Zunächst berechnen wir die folgenden, von der Belastung unabhängigen Größen:

Nach Gl. (121) ist:

$$a = \frac{l^2}{3\,l + 6\,T_1\,E\,r_A^k}$$

und nach Gl. (125):

$$b = \frac{l^2}{3\,l + 6\,T_1\,E\,r_B^k};$$

setzen wir darin nach Gl. (42)

$$r_A^k = r_B^k = \frac{h}{4 \cdot E \cdot T_2},$$

so erhalten wir:

$$a = b = \frac{2\,l^2}{6\,l + 3\,h\,n}.$$

Ferner erhalten wir nach Gl. (125a)

$$r_A^r = r_B^l = \frac{l\,(2\,l - 3\,b)}{6\,E\,T_1\,(l - b)}$$

und durch Einsetzen des Wertes von b aus vorstehender Gleichung:

$$r_A^r = r_B^l = \frac{l^2 + h\,l\,n}{(4\,l + 3\,h\,n)\,E\,T_1}.$$

Die Momente M^* und Horizontalschübe H^{k*} erhalten wir nach dem vorstehenden Abschnitt II indirekt aus den Momenten M' und Horizontalschüben $H^{k'}$, welche am Rahmen durch die horizontale Verschiebung $\varDelta = +1$ beider Pfeilerköpfe entstehen, und welche daher zuerst berechnet werden müssen:

a) Momente infolge der Verschiebung $\varDelta A = +1$ des Pfeilerkopfes A (Fig. 80a):

Nach Gl. (272) ist:

$$M_{A(\varDelta A)}^r = + \frac{\left[\gamma_{A1}^k\right]}{r_A^r + r_A^k}.$$

Führen wir darin γ_{A1}^k nach Gl. (258), r_A^r, r_A^k und das Verhältnis n aus den vorstehenden Gleichungen ein, so erhalten wir schließlich

$$M_{A(\varDelta A)}^r = + \varDelta \cdot \frac{6\,(4\,l + 3\,h\,n) \cdot E\,T_1}{h\,(4\,l^2 + 8\,h\,l\,n + 3\,h^2\,n^2)}$$

worin $\varDelta = 1$.

Tragen wir in Fig. 80a die Strecke $AA' = M_{A(\varDelta A)}^r$ auf und ziehen die Gerade $A'K$, so ergibt sich

$$M_{B(\varDelta A)}^l = - M_{A(\varDelta A)}^r \cdot \frac{b}{l - b};$$

oder durch Einsetzen der Werte von $M_{A(\varDelta A)}^r$ und b:

$$M_{B(\varDelta A)}^l = - \varDelta \cdot \frac{12 \cdot l \cdot E\,T_1}{h\,(4\,l^2 + 8\,h\,l\,n + 3\,h^2\,n^2)}.$$

b) Momente infolge der Verschiebung $\varDelta B = +1$ des Pfeilerkopfes B (Fig. 80b):

Nach Formel (274) erhalten wir wegen Symmetrie

$$M_{B(\varDelta B)}^l = - M_{A(\varDelta A)}^r = - \varDelta \cdot \frac{6\,(4\,l + 3\,h\,n) \cdot E\,T_1}{h\,(4\,l^2 + 8\,h\,l\,n) + 3\,h^2\,n^2)}$$

und

$$M_{A(\varDelta B)}^r = - M_{B(\varDelta A)}^l = + \varDelta \cdot \frac{12 \cdot l \cdot E\,T_1}{h\,(4\,l^2 + 8\,h\,l\,n + 3\,h^2\,n^2)}$$

c) Resultierende Momente $M_A^{r'} = M_A^{k'}$, $M_B^{l'} = M_B^{k'}$ infolge der gleichzeitigen Verschiebung der Pfeilerköpfe A und B um $\varDelta = +1$ (Fig. 80c):

Aus den Gleichungen unter a) und b) folgt:

$$M_A^{r'} = M_{A(\varDelta A)}^r + M_{A(\varDelta B)}^r = + \varDelta \cdot \frac{18 \cdot E\,T_1}{h\,(2\,l + 3\,h\,n)}$$

$$= - M_A^{k'}$$

und

$$M_B^{l'} = M_{B(\varDelta A)}^l + M_{B(\varDelta B)}^l = - \varDelta \cdot \frac{18 \cdot E\,T_1}{h\,(2\,l + 3\,h\,n)}$$

$$= M_B^{k'}.$$

d) Resultierende Horizontalschübe H_A^k und H_B^k an den Köpfen der Pfeiler, sowie Pfeilerfußmomente $M_A^{f'}$ und $M_B^{f'}$ infolge der gleichzeitigen Verschiebung beider Pfeilerköpfe um $\varDelta = +1$ (Fig. 80d u. 80e):

Nach Gl. (261) ist:

$$H_A^{k'} = H_{A1}^{k'} + H_{A2}^{k'};$$

setzen wir darin $H_{A1}^{k'}$ nach Gl. (265) und $H_{A2}^{k'}$ nach Gl. (201) ein, so folgt:

$$H_A^{k'} = \varDelta \cdot \frac{3\,E\,T_2}{h^3} - \frac{3}{2\,h} \cdot M_A^{k'};$$

mit Einführung des Wertes von $M_A^{k'}$ unter c) erhalten wir schließlich

$$H_A^{k'} = + \varDelta \cdot \frac{6\,(6\,h\,T_1 + l\,T_2) \cdot E}{h^3\,(2\,l + 3\,h\,n)}.$$

Analog erhalten wir:

$$H_B^{k'} = + \varDelta \cdot \frac{6\,(6\,h\,T_1 + l\,T_2) \cdot E}{h^3\,(2\,l + 3\,h\,n)}.$$

Belasten wir jetzt den vom Balken getrennten, unten eingespannten, nach oben frei auskragenden Pfeiler A mit dem Pfeilerkopfmoment $M_A^{k'}$ und dem Horizontalschub $H_A^{k'}$ (Fig. 80 d), so erhalten wir am Pfeilerfuß:

$$M_A^{f'} = M_A^{k'} + H_A^{k'} \cdot h.$$

Setzen wir darin die Werte von $M_A^{k'}$ und $H_A^{k'}$ ein, so erhalten wir:

$$M_A^{f'} = - \varDelta \cdot \frac{18\,E\,T_1}{h\,(2\,l + 3\,h\,n)}$$
$$+ \varDelta \cdot \frac{6\,(6\,h\,T_1 + l\,T_2)\cdot E}{h^3\,(2\,l + 3\,h\,n)} \cdot h$$

oder

$$M_A^{f'} = + \varDelta \cdot \frac{6\,(l\,T_2 + 3\,h\,T_1)\cdot E}{h^2\,(2\,l + 3\,h\,n)};$$

desgleichen ist (Fig. 80 e):

$$M_B^{f'} = + \varDelta \cdot \frac{6\,(l\,T_2 + 3\,h\,T_1)\cdot E}{h^2\,(2\,l + 3\,h\,n)}.$$

Bilden wir nun den Ausdruck $\sum H^{k'}$, d. h.

$$\sum H^{k'} = H_A^{k'} + H_B^{k'} = + \varDelta \cdot \frac{12\,(6\,h\,T_1 + l\,T_2)\cdot E}{h^3\,(2\,l + 3\,h\,n)},$$

so erhalten wir nach dem vorhergehenden Abschnitt II die Momente M^* und die Horizontalschübe H^{k*} infolge $H = +1$, indem wir die oben ermittelten Momente M' und Horizontalschübe $H^{k'}$ infolge $\varDelta = +1$ mit dem Faktor

$$\frac{1}{\sum H^{k'}} = \frac{h^3\,(2\,l + 3\,h\,n)}{\varDelta \cdot 12\,(6\,h\,T_1 + l\,T_2)\cdot E}$$

multiplizieren; wir erhalten daher die Momente M^* zu:

$$M_A^* = M_A^{r'} \cdot \frac{1}{\sum H^{k'}}$$
$$= + \frac{\varDelta \cdot 18\,E\,T_1}{h\,(2\,l + 3\,h\,n)} \cdot \frac{h^3\,(2\,l + 3\,h\,n)}{\varDelta \cdot 12\,(6\,h\,T_1 + l\,T_2)\cdot E}$$

oder

$$M_A^{r*} = + \frac{3\,h^2\,n}{2\,(l + 6\,h\,n)} = - M_A^{k*}.$$

Desgleichen

$$M_B^{l*} = M_B^{l'} \cdot \frac{1}{\sum H^{k'}}$$
$$= - \frac{\varDelta \cdot 18\,E\,T_1}{h\,(2\,l + 3\,h\,n)} \cdot \frac{h^3\,(2\,l + 3\,h\,n)}{\varDelta \cdot 12\,(6\,h\,T_1 + l\,T_2)\cdot E}$$

oder

$$M_B^{l*} = - \frac{3\,h^2\,n}{2\,(l + 6\,h\,n)} = M_B^{k*}.$$

Ferner ist

$$M_A^{f*} = M_A^{f'} \cdot \frac{1}{\sum H^{k'}}$$
$$= + \frac{\varDelta \cdot 6\,(l\,T_2 + 3\,h\,T_1)\cdot E}{h^2\,(2\,l + 3\,h\,n)} \cdot \frac{h^3\,(2\,l + 3\,h\,n)}{\varDelta \cdot 12\,(6\,h\,T_1 + l\,T_2)\cdot E}$$

oder

$$M_A^{f*} = + \frac{h\,(l + 3\,h\,n)}{2\,(l + 6\,h\,n)}$$

und

$$M_B^{f*} = + \frac{h\,(l + 3\,h\,n)}{2\,(l + 6\,h\,n)}.$$

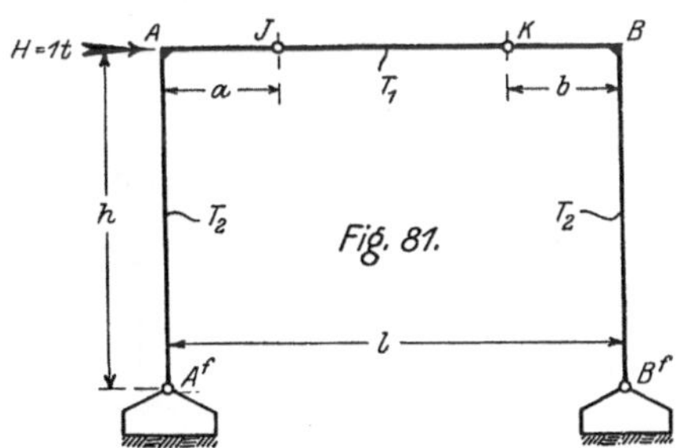

Fig. 81.

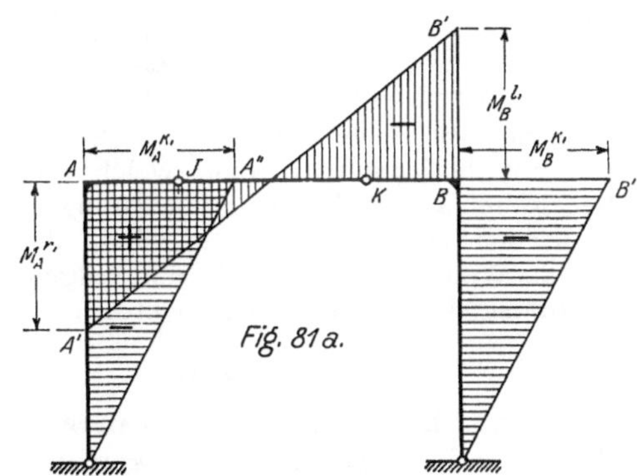

Fig. 81 a.

Die Horizontalschübe H^{k*} ergeben sich zu:

$$H_A^{k*} = H_A^{k'} \cdot \frac{1}{\sum H^{k'}}$$
$$= + \frac{\varDelta \cdot 6\,(6\,h\,T_1 + l\,T_2)\cdot E}{h^3\,(2\,l + 3\,h\,n)} \cdot \frac{h^3\,(2\,l + 3\,h\,n)}{\varDelta \cdot 12\,(6\,h\,T_1 + l\,T_2)\cdot E}$$

oder

$$H_A^{k*} = + \frac{1}{2} \cdot$$

Desgleichen

$$H_B^{k*} = + \frac{1}{2} \cdot$$

Ferner ist:

$$H_A^{f*} = -H_A^{k*} = -\frac{1}{2}$$

und

$$H_B^{f*} = -H_B^{k*} = -\frac{1}{2}.$$

2. Einfacher Rahmen mit Fußgelenken (Fig. 81).

Die Momente M* und Horizontalschübe H^{k*} erhalten wir auf analoge Weise wie beim einfachen Rahmen mit Fuß-Einspannung.

Die Resultate lauten:

$$M_A^{r*} = +\frac{h}{2} \; ; \quad M_A^{k*} = -\frac{h}{2} \; ;$$

$$M_B^{l*} = -\frac{h}{2} \; ; \quad M_B^{k*} = -\frac{h}{2} \; ;$$

$$H_A^{k*} = H_B^{k*} = +\frac{1}{2} \; ;$$

$$H_A^{f*} = H_B^{f*} = -\frac{1}{2} \; ;$$

in Fig. 81a wurden die Momente $M_A^{r'}$, usw. aufge-

einen kontinuierlichen Balken auf elastisch drehbaren Pfeilern mit horizontal unverschieblichen Pfeilerköpfen über, an welchem wir zunächst die Fixpunkte bestimmen und dann die Momente, Horizontalschübe, Querkräfte und Auflagerdrücke infolge der gegebenen äußeren Balken- oder Pfeilerbelastung genau nach den Methoden ermitteln, welche wir im „Ersten Teil" der vorliegenden Abhandlung entwickelt haben. Auf jeden Pfeilerkopf wird vom gedachten Lager daselbst ein horizontaler Auflagerdruck H_P^k („Reaktion") infolge der äußeren Lasten P ausgeübt, welcher eine horizontale Verschiebung desselben verhindert und welcher nach Größe und Vorzeichen mittels der Gl. (200), (201), (202), (203), (204), (219), (232) zu bestimmen ist. Zuletzt bilden wir den Ausdruck $\sum H_P^k$ („Reaktion"), in welchem bei der Summenbildung die Vorzeichen der einzelnen Glieder H_P^k zu berücksichtigen sind.

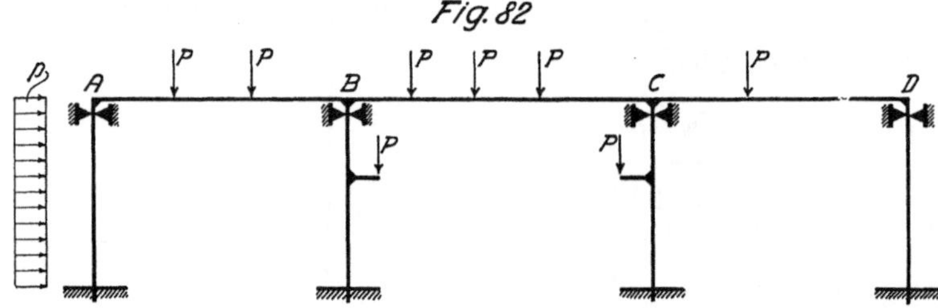

Fig. 82

tragen, welche mit dem Faktor $\dfrac{1}{\sum H^{k'}}$ multipliziert die obigen Momente M_A^{r*}, usw. ergeben.

Die Schlußformeln unter (1) und (2) stimmen genau mit denjenigen überein, welche für dieselben Rahmen und denselben Belastungsfall bereits in der Literatur vorhanden sind, aber auf anderem Wege, nämlich nach den allgemeinen Elastizitätsgleichungen ermittelt wurden.

Kapitel VIII.

Allgemeine Berechnung des mehrfachen Rahmens mit horizontalem Balken und entweder unten eingespannten oder gelenkartig gelagerten Pfeilern über beliebig viele Öffnungen für beliebige Balken- und Pfeilerbelastung.

Wir teilen den Gang der Berechnung des Rahmens in folgende zwei getrennte Hauptabschnitte ein:

Rechnungsabschnitt I.

Während des Rechnungsabschnittes I nehmen wir an, die horizontale Verschiebbarkeit des Balkens sei vorübergehend durch gedachte Lager an den Pfeilerköpfen aufgehoben (Fig. 82), welche jedoch die elastische Drehbarkeit der Pfeilerköpfe nicht behindern. Der Rahmen geht daher jetzt in

Rechnungsabschnitt II.

Wir entfernen jetzt die während des Rechnungsabschnittes I an den Pfeilerköpfen angenommenen Lager; damit ist der Widerstand aufgehoben, durch welchen bisher eine horizontale Verschiebung des Balkens und mithin auch sämtlicher Pfeilerköpfe verhindert wurde. Nachdem die gedachten Lager und damit auch die von ihnen ausgeübten horizontalen Lagerdrücke („Reaktionen") entfernt sind, treten die horizontalen Gegendrücke („Aktionen") in Tätigkeit, welche von den Pfeilerköpfen auf die Lager ausgeübt wurden, und welche den im Rechnungsabschnitt I bestimmten Kräften H_P^k entgegengesetzt gleich sind; da nun diese Gegendrücke sämtlich in der Balkenachse, d. h. in ein und derselben Geraden wirken, so bildet ihre Resultante eine Kraft H, welche gleich ist dem mit entgegengesetztem Vorzeichen zu nehmenden, am Schlusse des Rechnungsabschnittes I ermittelten Ausdruck $\sum H_P^k$, d. h. $H = -\sum H_P^k$; diese Kraft wirkt also in derjenigen Richtung, nach welcher sich der Längsbalken des Rahmens unter der gegebenen äußeren Belastung tatsächlich verschiebt. Die innere Kraft $\left(-\sum H_P^k\right)$ erteilt dem Längsbalken des Rahmens und mithin sämtlichen Pfeilerköpfen eine horizontale Verschiebung $\varDelta$ genau wie eine äußere, den Rahmen belastende Horizontalkraft, und ruft daher am ganzen Rahmen Momente, Horizontalschübe, Querkräfte und Auflagerdrücke hervor, welche wir als Zusätze bezeichnen. Zur Bestimmung dieser Zusätze ermitteln wir zunächst nach dem Verfahren, welches im vorhergehenden Kapitel VII, Abschnitt II erläutert wurde, die Momente M*, Horizontalschübe H*, Querkräfte Q* und Auflagerdrücke V* infolge der in Richtung der Kraft $\left(-\sum H_P^k\right)$ wirkenden Belastung $H = 1$, und multiplizieren dieselben mit dem absoluten Werte $\sum H_P^k$.

Zum Schluß addieren wir die vorgenannten, mit ihrem Vorzeichen zu nehmenden Zusätze zu den Momenten, Horizontalschüben, Querkräften und Auflagerdrücken aus Rechnungsabschnitt I; die Summe ergibt die genauen, resultierenden Momente, Horizontalschübe, Querkräfte und Auflagerdrücke, welche am Rahmen infolge der gegebenen äußeren Lasten entstehen.

Die vorstehend beschriebene Berechnungsweise des ein- und mehrfachen Rahmens mit horizontalem Balken und vertikalen Pfeilern ist nicht nur auf eine beliebige ruhende Balken- oder Pfeilerbelastung anwendbar, sondern eignet sich in gleich guter Weise zur Berechnung des Rahmens für wandernde Lasten nach dem Verfahren der Einflußlinien. Hierbei setzen die Ordinaten irgend einer Einflußlinie (Moment, Querkraft, Auflagerdruck usw.) sich aus einem nach Rechnungsabschnitt I und einem nach Rechnungsabschnitt II zu ermittelnden Anteil zusammen; der letztere Anteil einer jeden Einflußlinie wird in einfacher Weise aus der Einflußlinie der im Rechnungsabschnitt II erwähnten Kraft $H = -\sum H_P^k$ („Aktion") und der Momentenfläche am Rahmen infolge der äußeren Kraft $H = 1$ ermittelt, welch letztere ja ohnehin schon zu anderen Rechnungszwecken bestimmt werden muß. Die Konstruktion der Einflußlinien ist im Beispiel II des „Dritten Teiles" der vorliegenden Abhandlung zu finden, auf welches hiermit verwiesen sei.

Da man den Rahmen während des Rechnungsabschnittes I als vorübergehend an seinen Pfeilerköpfen festgehalten betrachtet, so kann man bei Bestimmung der inneren Kräfte aus Rechnungsabschnitt I die Endpfeiler in die Verlängerung der Balkenachse hinaufklappen und wie Endfelder eines kontinuierlichen Balkens behandeln, was besonders bei belasteten Endpfeilern vorteilhaft ist; dabei sind an den Köpfen der aufgeklappten Pfeiler frei drehbare Auflager anzuneh-

men. Ferner können die Endpfeiler bei denjenigen Rahmen und Belastungsfällen aufgeklappt werden, bei welchen $\sum H_P^k$ gleich Null ist (wenn sich die an den einzelnen Pfeilerköpfen auftretenden Horizontalschübe gegenseitig aufheben), was bei symmetrischer Tragkonstruktion und symmetrischer Belastung zutrifft; ist aber $\sum H_P^k$ gleich Null, so treten am Rahmen keine zusätzlichen inneren Kräfte auf, und Rechnungsabschnitt I liefert schon die endgültigen inneren Kräfte. Man erhält z. B. am Rahmen der Fig. 80, sowohl für gleichmäßig verteilte Belastung des Balkens auf seine ganze Länge, als auch für gleichzeitige Belastung der beiden Pfeiler mit gleich großem Erd- oder Wasserdruck durch Aufklappen der Pfeiler in die Verlängerung der Balkenachse und Durchführung der Berechnung wie für einen an beiden Enden eingespannten kontinuierlichen Balken mit drei Öffnungen genau dieselben inneren Kräfte, wie sie eine Berechnung nach den Elastizitätsgleichungen liefern würde. Dasselbe gilt für einen Balken, der an einem Ende ein festes Auflager besitzt und am andern Ende mit einem elastisch drehbaren Pfeiler verbunden ist (z. B. Vordach eines Gebäudes), und zwar für beliebige Balken- und Pfeilerbelastung, da der am Kopfe des Pfeilers durch Belastung dieses einhüftigen Rahmens auftretende Horizontalschub H_P^k vom festen Balkenauflager aufgenommen wird, weshalb keine zusätzlichen inneren Kräfte auftreten.

Die Grundlage für die Ermittlung der „Zusätze" aus Rechnungsabschnitt II bilden die Momente M* infolge einer äußeren, in Balkenachse angreifenden Horizontalkraft $H = 1$. Da die Momente M* allein abhängig sind von den Abmessungen des Rahmens, so hat man bei der Berechnung eines Rahmens für mehrere Belastungsfälle diese Momente M* nur einmal zu ermitteln, und man erhält die „Zusätze" dadurch, daß man die jedem einzelnen Belastungsfall entsprechende Horizontalkraft $\sum H_P^k$ mit den Momenten M* multipliziert. Hieraus ist ersichtlich, daß die vorliegende Berechnungsmethode des Rahmens gegenüber derjenigen nach den Elastizitätsgleichungen, wo für jeden Belastungsfall die Ermittlung der statisch unbestimmten Größen, eine sehr zeitraubende Arbeit, von neuem vorgenommen werden muß, sehr vorteilhaft ist. Es sei noch darauf hingewiesen, daß in Abschnitt III des Kapitels VII die Momente M* für den einfachen symmetrischen Rahmen (nach Fig. 80 und 81) ermittelt wurden, so daß solche Rahmen für beliebige Belastung sehr rasch berechnet werden können.

Kapitel IX.

Ermittlung der Momente, Horizontalschübe, Querkräfte und Auflagerdrücke sowohl am kontinuierlichen, in einem Punkte festgehaltenen Balken auf elastisch drehbaren Pfeilern, als auch am mehrfachen Rahmen mit horizontalem Balken infolge Längenänderung der Balkenachse bei Temperaturänderungen.

Wie in der Überschrift bereits hervorgehoben, ziehen wir in den nachfolgenden Darlegungen nur den Einfluß einer Längenänderung des Balkens auf die Spannungen in Betracht. Der Einfluß einer Längenänderung der Pfeiler ist meistens von untergeordneter Bedeutung; er verschwindet sogar gänzlich, wenn die Pfeiler gleiche Höhe haben

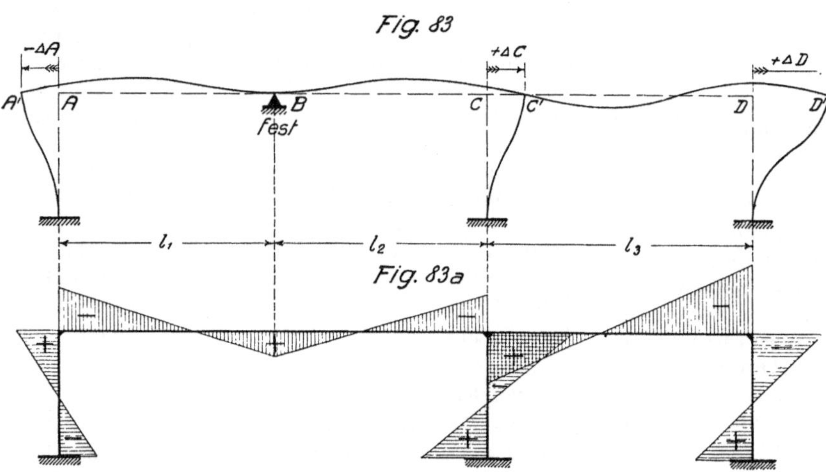

und gleiche Temperaturänderung erleiden, weil alsdann alle Balkenpunkte dieselbe Verschiebung nach oben oder unten ausführen und deshalb Durchbiegungen ausgeschlossen sind. Wir betrachten die folgenden zwei Fälle:

1. Fall:

Der kontinuierliche Balken auf elastisch drehbaren Pfeilern ist in einem Punkte festgehalten oder festgelagert.

Wir nehmen an, der in Fig. 83 dargestellte, in B festgelagerte kontinuierliche Balken erfahre eine gleichmäßige Temperaturerhöhung von t°. Der Kopf des Pfeilers A verschiebt sich dann (unter Vernachlässigung des Einflusses der Normalkräfte) vom festen Punkt B aus nach links um die Strecke

$$\varDelta A = -\alpha \cdot t \cdot l_1 \quad \ldots \ldots \quad (278$$

der Kopf des Pfeilers C nach rechts um die Strecke

$$\varDelta C = +\alpha \cdot t \cdot l_2 \quad \ldots \ldots \quad (279$$

und der Kopf des Pfeilers D nach rechts um die Strecke

$$\varDelta D = +\alpha \cdot t \cdot (l_2 + l_3) \quad \ldots \ldots (280$$

worin α den Wärmeausdehnungs-Koeffizienten des betreffenden Materials bedeutet.

Wir ermitteln nach der in den Fällen 1 bis 4 des Abschnittes I des Kapitels VII gegebenen Anleitung die Momentenfläche in allen Öffnungen und an allen Pfeilern infolge der Verschiebung jedes einzelnen Pfeilerkopfes und addieren schließlich die verschiedenen Momentenflächen; in Fig. 83a haben wir den Verlauf der resultierenden Momentenfläche skizziert. Desgleichen ermitteln wir den am verschobenen Kopfe eines jeden Pfeilers auftretenden resultierenden Horizontalschub, beispielsweise den resultierenden Horizontalschub $H^k_{C_{res}}$ am Pfeiler C wie folgt:

a) Am unten eingespannten Pfeiler C erhalten wir $H^k_{C_{res}}$ nach Gl. (261), in welcher H^k_{C1} die Horizontalkraft bedeutet, welche den Kopf des unten eingespannten, nach oben frei auskragenden Pfeilers um die Strecke $\varDelta C$ verschiebt und nach den Gl. (264), (265), (266), (267) ermittelt wird, während H^k_{C2} den Auflagerdruck bedeutet, welcher am Kopfe des unten eingespannten, oben frei drehbar gestützten Pfeilers infolge Belasten mit dem resultierenden Pfeilerkopfmoment $M^k_{C_{res}}$ (in $M^k_{C_{res}}$ ist auch ein Anteil herrührend von der Verschiebung $\varDelta D$ enthalten) hervorgerufen und nach den Gl. (200), (201), (202), (203) bestimmt wird.

b) Am Pfeiler mit Fußgelenk erhalten wir $H^k_{C_{res}}$ nach der Gl. (277), in welche $M^k_{C_{res}}$ einzuführen ist.

Die Querkräfte und Auflagerdrücke erhalten wir genau wie in den Fällen 1 bis 4 des Abschnittes I des Kapitels VII angegeben wurde.

2. Fall:

Der kontinuierliche Balken auf elastisch drehbaren Pfeilern ist in keinem Punkte festgelagert (Rahmenkonstruktion).

Beim vorhergehenden 1. Fall hatten wir in dem festen Lager B einen uns von vornherein bekannten festen Punkt, von welchem aus die Verschiebungen der einzelnen Balkenpunkte nach links und rechts vor sich gingen; am Rahmen ist ebenfalls ein Balkenpunkt vorhanden, welcher bei Temperaturänderungen in Ruhe bleibt, und welcher daher die Rolle des festen Lagers des 1. Falles spielt. Dieser feste Punkt fällt am Rahmen mit symmetrischer Ausbildung zur Balkenmitte mit der letzteren zusammen; die Berechnung der Temperaturspannungen des symmetrischen Rahmens können wir daher nach· der Anleitung vornehmen, welche beim vorhergehenden 1. Fall entwickelt wurde. Am unsymmetrischen Rahmen hingegen ist uns der in Ruhe befindliche Punkt nicht von vornherein bekannt; das einzuschlagende Verfahren erläutern wir wie folgt an dem in Fig. 84 dargestellten unsymmetrischen Rahmen, an welchem wir eine gleichmäßige Temperaturerhöhung von t° annehmen:

Wir stellen zunächst nach Gutdünken denjenigen Balkenpunkt fest, dessen horizontale Verschiebung infolge Temperaturänderung allem Anscheine nach Null sein wird, und von welchem aus die Pfeilerköpfe sich nach links und rechts genau so verschieben wie im 1. Fall vom festen Lager aus. Dieser feste Punkt liegt bei dem durch Fig. 84 dargestellten Rahmen sehr wahrscheinlich innerhalb der Öffnung l_2, und zwar in der Nähe von C. Wie wir später sehen, spielt es keine große Rolle, wenn man in der Abschätzung des festen Punktes sich geirrt hat, weil es durch eine Zusatzrechnung möglich ist, den entstandenen Fehler zu berichtigen. Wir nehmen daher einfach C als festen Punkt an, ermitteln die Verschiebungen $\varDelta A$, $\varDelta B$ und $\varDelta D$ und schließlich die den letzteren entsprechenden Momente am ganzen Rahmen sowie die Horizontalschübe H_t^k an den Köpfen der Pfeiler. Denken wir uns jetzt den Balken durch Schnitte, welche wir an den Köpfen der Pfeiler führen, von den letzteren getrennt (Fig. 84a) und bringen an demselben die an den Köpfen der Pfeiler angreifenden Horizontalschübe mit umgekehrter Richtung an (also die „Aktionen"), so muß bestehen:

$$\sum H_t^k = 0 \ \ldots \ldots \ldots \ (281$$

Nun erhalten wir am unsymmetrischen Rahmen nur dann ohne weiteres $\sum H_t^k = 0$, wenn der schätzungsweise angenommene feste Punkt zufällig mit demjenigen Balkenpunkt zusammenfällt, dessen Verschiebung infolge Temperatur-

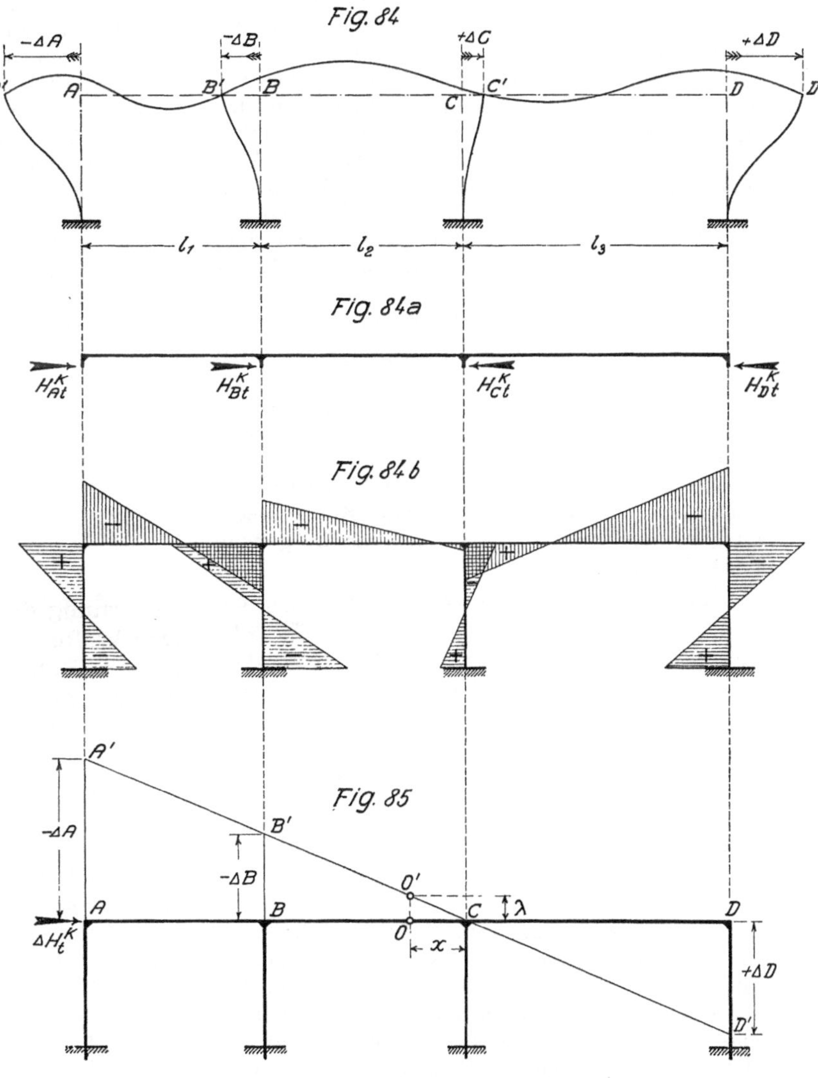

änderung tatsächlich gleich Null ist; trifft daher bei Bildung des Ausdrucks $\sum H_t^k$ Gl. (281) zu, so sind die berechneten Momente und anderen inneren Kräfte ohne weitere Berichtigung beizubehalten. War jedoch der schätzungsweise angenommene feste Punkt nicht richtig gewählt, so kommt dies dadurch zum Ausdruck, daß wir bei der Bildung der Summe $\sum H_t^k$ an Stelle der Beziehung (281) erhalten:

$$\sum H_t^k = \varDelta H_t^k \quad \ldots \ldots \ldots \quad (282$$

Bringen wir jetzt $\varDelta H_t^k$ am Rahmen als äußere, in Balkenachse wirkende Kraft an (Fig. 85), so entstehen durch diese Belastung neue zusätzliche Horizontalschübe, welche wir nach der in Abschnitt II des Kapitels VII gegebenen Anleitung berechnen und welche mit den zuerst ermittelten jetzt die Summe Null ergeben. Ebenso entstehen zusätzliche Momente, welche wir zu den vorher berechneten Momenten addieren; die Summe beider ergibt die gesuchten Momente am Rahmen infolge der gegebenen Temperaturerhöhung. Den Verlauf der resultierenden Momentenfläche haben wir in Fig. 84 b dargestellt. Nachdem die Momente und Horizontalschübe am Rahmen bestimmt sind, können wir auch die Querkräfte und Auflagerdrücke ermitteln, und zwar genau so, wie dies in Abschnitt I des Kapitels VII erläutert wurde.

Nach den vorstehenden Darlegungen können wir die am unsymmetrischen Rahmen infolge Temperaturänderung entstehenden inneren Kräfte ermitteln, ohne die genaue Lage des in Ruhe bleibenden Balkenpunktes zu kennen. Will man jedoch den festen Punkt dazu benützen, um eine nach dem 1. Fall durchzuführende Kontrollrechnung vorzunehmen, so bestimmen wir die genaue Lage desselben wie folgt:

Angenommen, am vorher besprochenen unsymmetrischen Rahmen habe die Gl. (282) eine positive, also nach rechts gerichtete Kraft $\varDelta H_t^k$ ergeben. Diese Kraft bringen wir am Rahmen als äußere Belastung an und berechnen nach Abschnitt II des Kapitels VII die dadurch hervorgerufene Rechtsverschiebung λ des Balkens; dieselbe ergibt sich zu:

$$\lambda = \frac{\varDelta = 1}{\sum H^{k'}} \cdot \varDelta H_t^k \quad \ldots \ldots \quad (283$$

Unter der zuerst gemachten Annahme, C bleibe in Ruhe, führen bei Temperaturerhöhung alle Balkenpunkte links von C eine Linksverschiebung und alle Balkenpunkte rechts von C eine Rechtsverschiebung aus; da nun infolge der Belastung $\varDelta H_t^k$ sämtliche Balkenpunkte noch eine Rechtsverschiebung λ ausführen, so ergibt sich aus der Zusammensetzung dieser Verschiebungen, daß der Balkenpunkt O mit der Verschiebung Null jedenfalls links von C liegt (da ja z. B. $-\varDelta$ A kleiner werden muß durch eine hinzukommende Rechtsverschiebung), und zwar in einem Abstande x (Fig. 85) von C, welchen wir wie folgt ermitteln:

Unter der zuerst gemachten Annahme, C bleibe in Ruhe, tragen wir das Diagramm der Temperaturverschiebungen aller Balkenpunkte auf; für den vorliegenden Fall der gleichmäßigen Temperaturerhöhung brauchen wir dazu nur die Verschiebung eines Balkenpunktes, beispielsweise die Verschiebung $(-\varDelta$ A) als Ordinate AA' in einem beliebigen Maßstabe aufzutragen (Fig. 85) und die Punkte A' und C durch eine Gerade zu verbinden. Ziehen wir jetzt eine Parallele zur Balkenachse im Abstande λ von der letzteren und ermitteln den Schnittpunkt O' derselben mit der Geraden A'CD', so schneidet das von O' auf die Balkenachse gefällte Lot die letztere in dem gesuchten festen Punkt O; denn die Gerade A'D' in Fig. 85 muß um die Strecke λ parallel nach unten verschoben werden, um die wirkliche Diagrammlinie der Temperaturverschiebungen zu erhalten, welche die Balkenachse im gesuchten Punkt O schneidet.

Die entwickelten Methoden eignen sich in gleich guter Weise zur Bestimmung der Momente und übrigen inneren Kräfte, auch wenn die Temperaturschwankungen in den verschiedenen Öffnungen verschieden voneinander sind; es genügt eben, die entsprechenden Pfeilerkopfverschiebungen zu ermitteln, weil wir ja den Einfluß einer jeden Pfeilerkopfverschiebung getrennt bestimmen.

Kapitel X.

Ermittlung der Momente, Horizontalschübe, Querkräfte und Auflagerdrücke am mehrfachen Rahmen mit horizontalem Balken infolge einer in Balkenachse angreifenden wagrechten Kraft H, z. B. Bremskraft, Winddruck, usw.

Zuerst berechnen wir nach dem Verfahren, welches in Abschnitt II des vorhergehenden Kapitels VII erläutert wurde, die Momente M*, Horizontalschübe H*, Querkräfte Q* und Auflagerdrücke V* infolge der Kraft H = 1, und multiplizieren dieselben dann mit der gegebenen Belastung H; d. h. wir ermitteln, wie in Abschnitt I des Kapitels VII, die infolge der Verschiebung $\varDelta = 1$ am Rahmen hervorgerufenen Momente M', Horizontalschübe H', Querkräfte Q' und Auflagerdrücke V', und multiplizieren dieselben dann mit dem Faktor $\dfrac{H}{\sum H^{k'}}$.

Die Verschiebung $\varDelta = 1$ hat in Richtung der äußeren Kraft H zu erfolgen.

Ist der Längsbalken an einer Mittel- oder Endstütze festgelagert, so wird die in der Balkenachse wirkende äußere Kraft H auf die feste Stütze übertragen ohne irgendwelche Momente zu erzeugen.

Dritter Teil.

Anwendung der im „Ersten und Zweiten Teil" entwickelten Methoden und Formeln auf Beispiele.

Beispiel I.

Ermittlung der Momente, Horizontalschübe und Querkräfte an einem zweifachen, eingespannten Rahmen mit horizontalem Balken infolge Eigengewicht und Kranbelastung.

Die Resultate dieses Beispieles wurden durch eine Berechnung nach den allgemeinen Elastizitätsgleichungen nachgeprüft. Aus diesem Grunde mußten insbesondere die Fixpunktsabstände und Verkleinerungskoeffizienten analytisch ermittelt werden, um sie mathematisch genau zu erhalten; ferner wurden aus demselben Grunde die genauen Werte aller Eckmomente mit Hilfe der in den graphischen Konstruktionen enthaltenen Dreiecke berechnet. Für die Praxis ist jedoch die graphische Bestimmung der Fixpunkte, usw. genau genug und wegen Zeitersparnis der rechnerischen Ermittlung vorzuziehen.

Berechnungsgrundlagen
(siehe Fig. 86).

a) Höhe der Säulen $h = 8{,}00$ m, Stützweite $l_1 = 10{,}00$ m, $l_2 = 8{,}00$ m;

b) der Balken hat innerhalb jeder Öffnung konstantes, aber von Öffnung zu Öffnung sprungweise veränderliches Trägheitsmoment; es sei $T_1 = 0{,}0054$ m⁴ und $T_2 = 0{,}003\,125$ m⁴;

c) Trägheitsmomente der Säulen konstant und $f = 0$; es sei $T_A = T_B = 0{,}003\,125$ m⁴ und $T_C = 0{,}0016$ m⁴.

d) für Balken und Säulen $E = 1\,400\,000$ t/m².

Berechnung der von der Belastung unabhängigen Größen.

1. Drehwinkel $\imath^k$ an den Säulenköpfen infolge $M = 1$ tm.

Nach Formel (42) ist:

$$\imath^k_A = \frac{h}{4 \cdot E \cdot T_A} = \frac{640{,}00}{E}; \qquad \left[\frac{1}{tm}\right]$$

$$\imath^k_B = \frac{h}{4 \cdot E \cdot T_B} = \frac{640{,}00}{E}; \qquad \text{\textquotedbl}$$

$$\imath^k_C = \frac{h}{4 \cdot E \cdot T_C} = \frac{1250{,}00}{E} \qquad \text{\textquotedbl}$$

2. Fixpunktabstände (siehe Fig. 86).

Mit Einführung der vorstehenden Werte erhalten wir nach den Formeln (121), (123), (125) u. (127):

$$a_1 = \frac{l_1^2}{3\,l_1 + 6 \cdot T_1 \cdot E \cdot \imath^k_A} = 1{,}9709 \text{ m}$$

$$a_2 = \cfrac{l_2^2}{3\,l_2 + \cfrac{1}{\cfrac{1}{6 \cdot T_2 \cdot E \cdot \imath^k_B} + \cfrac{(l_1 - a_1)}{l_1\,(2\,l_1 - 3\,a_1)} \cdot \cfrac{T_1}{T_2}}}$$
$$= 2{,}1695 \text{ m}$$

$$b_2 = \frac{l_2^2}{3\,l_2 + 6 \cdot T_2 \cdot E \cdot \imath^k_C} = 1{,}3491 \text{ m}$$

$$b_1 = \cfrac{l_1^2}{3\,l_1 + \cfrac{1}{\cfrac{1}{6 \cdot T_1 \cdot E \cdot \imath^k_B} + \cfrac{(l_2 - b_2)}{l_2\,(2\,l_2 - 3\,b_2)} \cdot \cfrac{T_2}{T_1}}}$$
$$= 2{,}4212 \text{ m}.$$

3. Drehwinkel $\imath^r_A$, $\imath^r_B$, $\imath^l_B$, $\imath^l_C$ infolge $M = 1$ tm.

Nach den Formeln (121 a) u. (125 a) ergibt sich:

$$\imath^r_A = \frac{l_1\,(2\,l_1 - 3\,b_1)}{6 \cdot E \cdot T_1\,(l_1 - b_1)} = \frac{518{,}684}{E} \quad \left[\frac{1}{tm}\right]$$

$$\imath^r_B = \frac{l_2\,(2\,l_2 - 3\,b_2)}{6 \cdot E \cdot T_2\,(l_2 - b_2)} = \frac{766{,}783}{E} \qquad \text{\textquotedbl}$$

$$\imath^l = \frac{l_1\,(2\,l_1 - 3\,a_1)}{6 \cdot E \cdot T_1\,(l_1 - a_1)} = \frac{541{,}518}{E} \qquad \text{\textquotedbl}$$

$$\imath^l_C = \frac{l_2\,(2\,l_2 - 3\,a_2)}{6 \cdot E \cdot T_2\,(l_2 - a_2)} = \frac{694{,}572}{E} \qquad \text{\textquotedbl}$$

4. Verkleinerungskoeffizienten μ.

Nach den Formeln (92) u. (112) ergibt sich:

$$\mu^l_B = \frac{\imath^k_B}{\imath^k_B + \imath^l_B} = 0{,}5417;$$

$$\mu^r_B = \frac{\imath^k_B}{\imath^k_B + \imath^r_B} = 0{,}4549.$$

Belastungsfall 1:

Eigengewicht.

Das Eigengewicht des Balkens betrage:

a) in Öffnung l_1: $g_1 = 0{,}432$ t pro lfdm.

b) in Öffnung l_2: $g_2 = 0{,}360$ t pro lfdm.

Die Rechnung wird nach der Anleitung in Kapitel VIII durchgeführt.

Rechnungsabschnitt I (Fig. 86).

Wir nehmen frei drehbare Lager an den Köpfen der Pfeiler an, durch welche dieselben vorübergehend horizontal unverschieblich festgehalten sind. Die diesbezüglichen Momente am Balken und an den Pfeilern wurden nach dem „Ersten Teil" ermittelt und sind in Fig. 86 dargestellt. Die Horizontalschübe an den Säulenköpfen, welche gleich den horizontalen Auflagerdrücken der an diesen angenommenen Lager sind, werden zur Durchführung der nachfolgenden Zusatzberechnung gebraucht und ergeben sich

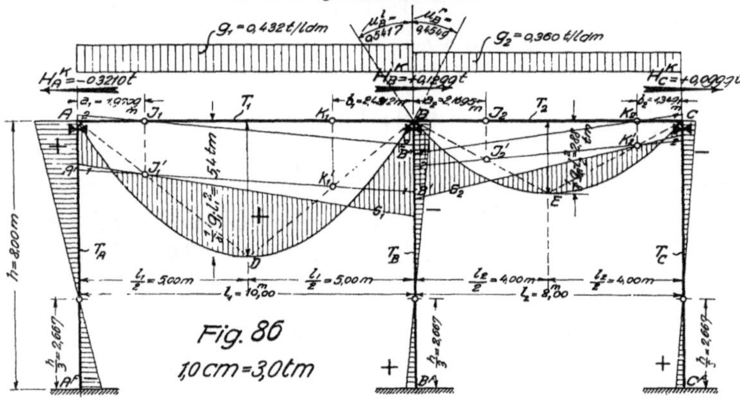

nach Formel (201), worin wir die Säulenkopfmomente aus Fig. 86 einführen; es ist:

$$H_A^k = - \frac{3}{2\,h} \cdot \left[M_A^k \right] = - 0{,}3210 \text{ t};$$

$$H_B^k = - \frac{3}{2\,h} \cdot \left[M_B^k \right] = + 0{,}1299 \text{ t}.$$

$$H_C^k = - \frac{3}{2\,h} \cdot \left[M_C^k \right] = + 0{,}0999 \text{ t}.$$

Die Summe dieser Horizontalschübe beträgt:

$$\sum H^k = H_A^k + H_B^k + H_C^k = - 0{,}0912 \text{ t (\glqq Reaktion\grqq)}.$$

Rechnungsabschnitt II.

Wir entfernen die während des Rechnungsabschnittes I an den Köpfen der Säulen angenommenen Lager und ermitteln die Zusätze infolge Belasten des Rahmens mit der äußeren, nach rechts gerichteten, in Balkenachse wirkenden Kraft

$$H = - \sum H^k = + 0{,}0912 \text{ t (\glqq Aktion\grqq)}.$$

Zu dem Zweck bestimmen wir die Momente M* und Horizontalschübe H^{k*} infolge der äußeren, nach rechts gerichteten, in Balkenachse wirkenden Kraft $H = + 1{,}00$ t und multiplizieren dieselben dann mit der nach Größe und Vorzeichen einzuführenden Kraft $H = + 0{,}0912$ t. Diese Momente M* und Horizontalschübe H^{k*} erhalten wir nach Abschnitt II des Kapitels VII indirekt aus den Momenten M' und Horizontalschüben $H^{k'}$, welche am Rahmen durch die gleichzeitige horizontale Verschiebung sämtlicher Pfeilerköpfe um $\varDelta = 1{,}00$ cm nach rechts entstehen und welche daher zuerst ermittelt werden müssen (Fig. 87).

a) Momente am Balken infolge der horizontalen Verschiebung des Säulenkopfes A um $\varDelta A = + 0{,}01$ m.

Wir ermitteln zunächst $M_{A(\varDelta A)}^{r}$ nach Formel (272); setzen wir darin γ_{A1}^{k} nach Formel (258), so erhalten wir:

$$M_{A(\varDelta A)}^{r} = + \frac{[\varDelta A] \cdot \dfrac{3}{2\,h}}{\tau_A^{r} + \tau_A^{k}} = + 2{,}2655 \text{ tm}.$$

Dieses Stützenmoment wurde in Fig. 87 angetragen und mittels des Fixpunktes K_1, des Multiplikators μ_B^{r} und des Fixpunktes K_2 nach rechts über den Balken fortgepflanzt; die entsprechende Momentenlinie wurde in beiden Öffnungen mit $\varDelta A$ bezeichnet.

b) Momente am Balken infolge der horizontalen Verschiebung des Säulenkopfes B um $\varDelta B = + 0{,}01$ m.

Wir ermitteln zunächst $M_{B(\varDelta B)}^{l}$ und $M_{B(\varDelta B)}^{r}$ nach den Formeln (253) und (254); setzen wir darin γ_{B1}^{k} nach Formel (258) ein, so folgt:

$$M_{B(\varDelta B)}^{l} = - \frac{[\varDelta B] \cdot \dfrac{3}{2\,h}}{\tau_B^{l} + \tau_B^{k} + \dfrac{\tau_B^{l} \cdot \tau_B^{k}}{\tau_B^{r}}} = - 1{,}6070 \text{ tm}$$

und

$$M_{B(\varDelta B)}^{r} = + \frac{[\varDelta B] \cdot \dfrac{3}{2\,h}}{\tau_B^{r} + \tau_B^{k} + \dfrac{\tau_B^{r} \cdot \tau_B^{k}}{\tau_B^{l}}} = + 1{,}1349 \text{ tm}.$$

Die Stützenmomente $M_{B(\varDelta B)}^{l}$ und $M_{B(\varDelta B)}^{r}$ wurden in Fig. 87 ebenfalls angetragen und das erstere mittels des Fixpunktes J_1 nach links, das letztere mittels des Fixpunktes K_2 nach rechts über den Balken fortgepflanzt; die entsprechende Momentenlinie wurde in beiden Öffnungen mit $\varDelta$ B bezeichnet.

c) Momente am Balken infolge der horizontalen Verschiebung des Säulenkopfes C um $\varDelta$ C $= + 0{,}01$ m.

Wir ermitteln zunächst $M^l_{C(\varDelta C)}$ nach Formel (274); setzen wir darin γ^k_{C1} nach Formel (258) ein, so folgt

$$M^l_{C(\varDelta C)} = - \frac{[\varDelta C] \cdot \dfrac{3}{2\,h}}{i^l_C + i^k_C} = - 1{,}3499 \text{ tm}.$$

Stützenmomente AA′, BB′, BB″, CC′ in die Formeln (273), (255) und (274) erhalten zu:

$$M^{k'}_A = - M^{r'}_A = - 2{,}5932 \text{ tm},$$

$$M^{k'}_B = \left[M^{l'}_B\right] - \left[M^{r'}_B\right] = - 3{,}3665 \text{ tm},$$

$$M^{k'}_C = M^{l'}_C = - 1{,}5133 \text{ tm}.$$

Die an den Säulenköpfen auftretenden Horizontalschübe $H^{k'}$ infolge der Verschiebung $\varDelta = + 0{,}01$ m sämtlicher Pfeilerköpfe ermitteln wir nach Formel (261), worin wir H^k_1 aus Formel (265) und H^k_2 aus Formel (201) einsetzen; dann ist:

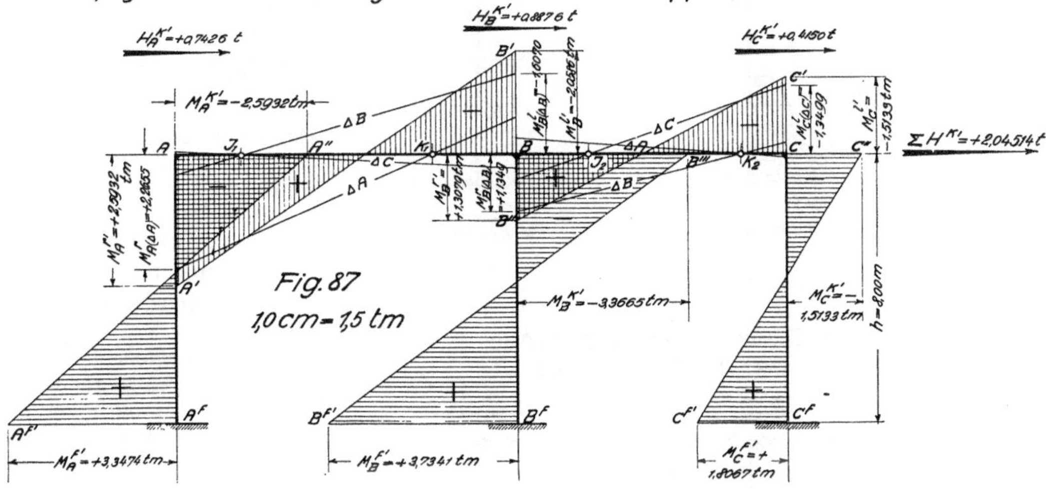

Das Stützenmoment $M^l_{C(\varDelta C)}$ wurde wieder in Fig. 87 angetragen und mittels des Fixpunktes J_2, des Multiplikators μ^l_B und des Fixpunktes J_1 nach links über den Balken fortgepflanzt; die entsprechende Momentenlinie wurde in beiden Öffnungen mit $\varDelta$ C bezeichnet.

d) Momente am Rahmen infolge der gleichzeitigen Verschiebung aller Säulenköpfe um $\varDelta = + 0{,}01$ m.

Die resultierende Balkenmomentenfläche erhalten wir durch Addition der vorgenannten Teilmomentenflächen.

Die resultierende Momentenfläche an jeder Säule erhalten wir wie folgt:

Zuerst bestimmen wir die resultierenden Säulenkopfmomente $M^{k'}_A$, $M^{k'}_B$ und $M^{k'}_C$, welche wir durch Einsetzen der in Fig. 87 eingetragenen

$$H^{k'}_A = [\varDelta A] \cdot \frac{3 \cdot E \cdot T_A}{h^3} - \frac{3}{2\,h} \cdot \left[M^{k'}_A\right] = + 0{,}7426 \text{ t},$$

$$H^{k'}_B = [\varDelta B] \cdot \frac{3 \cdot E \cdot T_B}{h^3} - \frac{3}{2\,h} \cdot \left[M^{k'}_B\right] = + 0{,}8876 \text{ t},$$

$$H^{k'}_C = [\varDelta C] \cdot \frac{3 \cdot E \cdot T_C}{h^3} - \frac{3}{2\,h} \cdot \left[M^{k'}_C\right] = + 0{,}4150 \text{ t}.$$

Nun belasten wir die vom Balken getrennte, unten eingespannte, nach oben frei auskragende Säule mit dem Kopfmoment $M^{k'}$ und dem Horizontalschub $H^{k'}$; aus dieser Belastung ergeben sich die resultierenden Säulenfußmomente $M^{f'}$ zu:

$$M^{f'}_A = \left[M^{k'}_A\right] + \left[h \cdot H^{k'}_A\right] = + 3{,}3474 \text{ tm},$$

$$M^{f'}_B = \left[M^{k'}_B\right] + \left[h \cdot H^{k'}_B\right] = + 3{,}7341 \text{ tm},$$

$$M^{f'}_C = \left[M^{k'}_C\right] + \left[h \cdot H^{k'}_C\right] = + 1{,}8067 \text{ tm}.$$

e) Momente M* und Horizontalschübe Hᵏ* infolge der Belastung H = + 1,00 t.

Die Momente M* und Horizontalschübe Hᵏ* erhalten wir nach Abschnitt II des Kapitels VII, indem wir die vorhergehend ermittelten Momente M' und Horizontalschübe Hᵏ' infolge der Verschiebung $\varDelta = + 0,01$ m mit dem Faktor

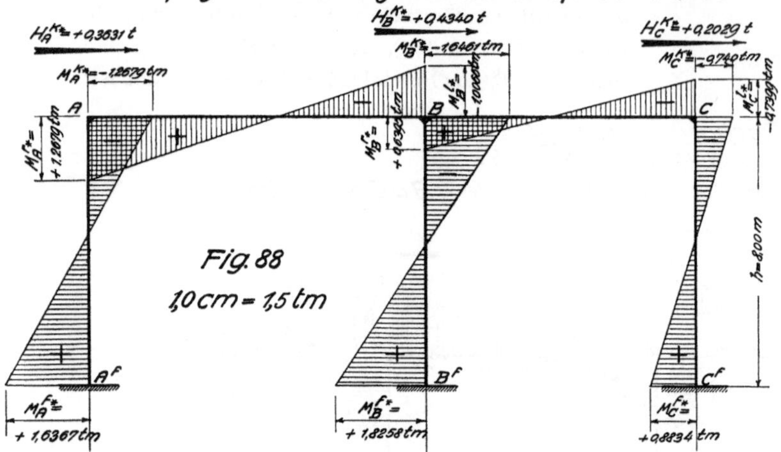

multiplizieren; die so ermittelten Momente M* und Horizontalschübe Hᵏ* wurden in Fig. 88 dargestellt.

f) Zusatzmomente und Zusatzhorizontalschübe aus Rechnungsabschnitt II.

Die gesuchten Zusatzmomente $M_{zus.}$ und Zusatzhorizontalschübe $H^k_{zus.}$ infolge Belasten des

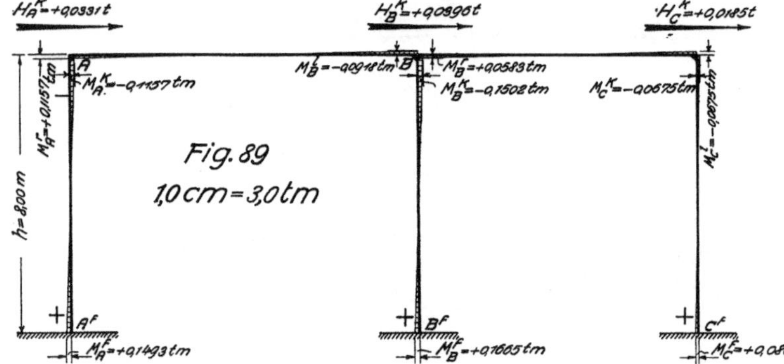

$$\frac{1}{\sum H^{k'}} = \frac{1}{0,7426 + 0,8876 + 0,4150} = 0,4890$$

Rahmens mit der nach rechts gerichteten, zu Beginn des Rechnungsabschnittes II eingeführten Horizontalkraft

$$H = + 0,0912 \text{ t („Aktion“)}$$

erhalten wir durch Multiplizieren der Momente M* und Horizontalschübe Hᵏ* infolge H = + 1,00 t mit der Zahl 0,0912; die so ermittelten Zusatzmomente und Zusatzhorizontalschübe wurden in Fig. 89 dargestellt.

Durch Addition der Momente und Horizontalschübe aus Rechnungsabschnitt I und II ergeben sich nun die endgültigen, vom Eigengewicht am Rahmen hervorgerufenen Momente und Horizontalschübe („Reaktionen“), welche in Fig. 90 dargestellt sind.

Mit Hilfe der Fig. 90 und 90a wurden die in Fig. 91 dargestellten Querkräfte am Rahmen laut Abschnitt III des Kapitels V ermittelt.

Belastungsfall 2:
Kranbelastung.

Die Auflagerdrücke $P_A = 6,5$ t und $P_B = 1,5$ t des in der Öffnung l_1 stehenden Laufkranes (Fig. 92) erzeugen je gleichgroße Normalkräfte in den Säulen A und B sowie Konsolmomente $M_{A0} = + 3,25$ tm und $M_{B0} = - 0,75$ tm, welche als äußere Belastung der Konsolen eingeführt werden.

Rechnungsabschnitt I
(Fig. 92).

Wir halten die Köpfe der Säulen vorübergehend durch frei drehbare, an denselben angebrachte Lager fest und berechnen für diesen Zustand die Momente am Balken und an den Säulen sowie die Horizontalschübe an den Köpfen der Säulen infolge der Lastmomente $M_{A0} = + 3,25$ tm und $M_{B0} = - 0,75$ tm.

Rechnungsabschnitt I führen wir zunächst für die Lastmomente $M_{A0} = + 1,00$ tm bzw. $M_{B0} = - 1,00$ tm durch.

a) Momente und Horizontalschübe infolge Belasten der Konsole an der Säule A mit $M_{A0} = + 1,00$ tm.

Der in Formel (227) vorkommende Wert φ^k_A

wird nach Formel (229) ermittelt, in welcher zu setzen ist:

nach Formel (32) und (39) mit $f = 0$:

$$\frac{\gamma_{Ah}}{v_{Ah}} = \frac{\dfrac{h^2}{2 \cdot E \cdot T_A}}{\dfrac{h^3}{3 \cdot E \cdot T_A}} = \frac{3}{2\,h}$$

und mit $P \cdot c = + 1,00$ tm nach Formel (245):

$$\gamma_{A0} = + \frac{h_1}{E \cdot T_A}$$

und mit $P \cdot c = + 1,00$ tm nach Formel (246):

$$v_{A0} = + \frac{h_1 \cdot (2\,h - h_1)}{2 \cdot E \cdot T_A} \; ;$$

mit diesen Werten erhalten wir:

$$\gamma^k_{A1} = \left(+ \frac{h_1}{E \cdot T_A} \right)$$

$$- \left(+ \frac{h_1 \cdot (2\,h - h_1)}{2 \cdot E \cdot T_A} \right) \cdot \frac{3}{2\,h}$$

$$= \frac{h_1}{E \cdot T_A} \cdot \left(1 - \frac{2\,h - h_1}{2} \cdot \frac{3}{2\,h} \right)$$

$$= + \frac{210{,}4189}{E} \,.$$

Nach Formel (227) ergibt sich jetzt:

$$M^r_A = + \frac{\left[\gamma^k_{A1} \right]}{\tau^r_A + \tau^k_A}$$

$$= + 0{,}1816 \text{ tm}$$

und

$$M^k_A = - M^r_A = - 0{,}1816 \text{ tm}.$$

Durch Fortpflanzen des Momentes M^r_A nach rechts erhalten wir:

$$M^l_B = - 0{,}058\,02 \text{ tm}, \quad M^r_B = - 0{,}026\,39 \text{ tm},$$

$$M^l_C = + 0{,}005\,35 \text{ tm},$$

desgleichen erhalten wir an den unbelasteten Pfeilern B und C mit Benutzung der in $\frac{h}{3}$ liegenden Momentennullpunkte:

$$M^k_B = - 0{,}031\,63 \text{ tm}, \quad M^f_B = + 0{,}015\,81 \text{ tm},$$

$$M^k_C = + 0{,}005\,35 \text{ tm}, \quad M^f_C = - 0{,}002\,677 \text{ tm}.$$

Ferner bestimmen wir die Horizontalschübe, welche das angenommene Lager auf den Kopf der belasteten Säule A ausübt; setzen wir in Formel (219) nach Gl. (216)

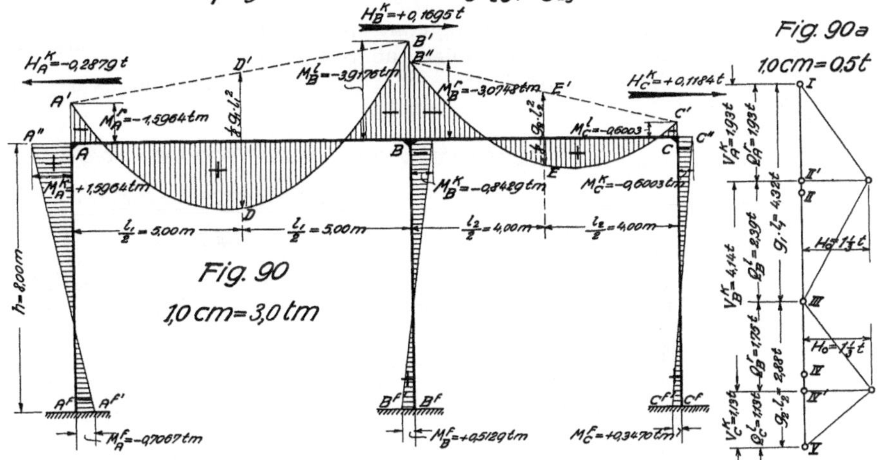

Endgültige Momente und Horizontalschübe am Rahmen infolge der Belastung $[g_1 + g_2]$

Querkräfte am Rahmen infolge der Belastung $[g_1 + g_2]$

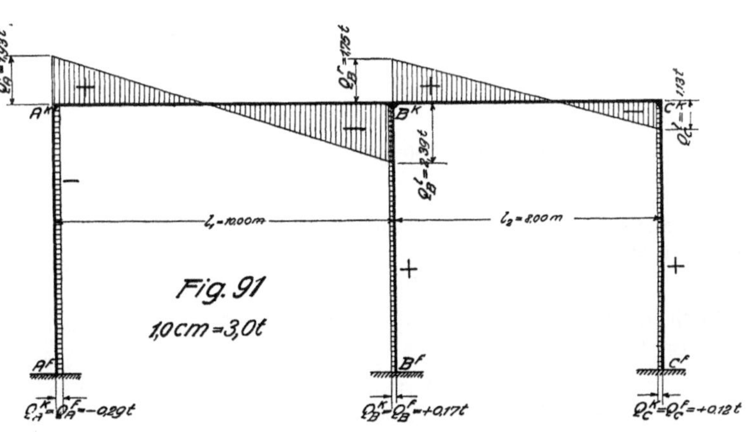

$$H^k_{A1} = - \frac{+ \dfrac{h_1 \cdot (2\,h - h_1)}{2 \cdot E \cdot T_A}}{\dfrac{h^3}{3 \cdot E \cdot T_A}}$$

$$= - \frac{3\,h_1 \cdot (2\,h - h_1)}{2\,h^3} = - 0{,}1802 \text{ t}$$

und nach Formel (201):

$$H_{A2}^{k} = -\frac{3}{2\,h} \cdot \left[M_A^k\right] = +0{,}0340 \text{ t,}$$

so ergibt sich:

$$H_A^k = H_{A1}^k + H_{A2}^k = -0{,}1462 \text{ t.}$$

Desgleichen erhalten wir an den Köpfen der unbelasteten Säulen B und C nach Formel (201)

$$H_B^k = -\frac{3}{2\,h} \cdot \left[M_B^k\right] = +0{,}005\,93 \text{ t}$$

und

$$H_C^k = -\frac{3}{2\,h} \cdot \left[M_C^k\right] = -0{,}001\,00 \text{ t.}$$

Die Summe der von den angenommenen Lagern auf die Köpfe der Säulen übertragenen Horizontalschübe beträgt jetzt:

Durch Fortpflanzen des Momentes M_B^l nach links erhalten wir mittels des Fixpunktes J_1 und des in $\frac{h}{3}$ gelegenen Momentennullpunktes der Säule A:

$$M_A^r = -0{,}031\,62 \text{ tm,} \quad M_A^k = +0{,}031\,62 \text{ tm,}$$

$$M_A^f = -0{,}015\,81 \text{ tm.}$$

Desgleichen ergibt sich durch Fortpflanzen des Momentes M_B^r nach rechts mittels des Fixpunktes K_2 und des in $\frac{h}{3}$ gelegenen Momentennullpunktes der Säule C:

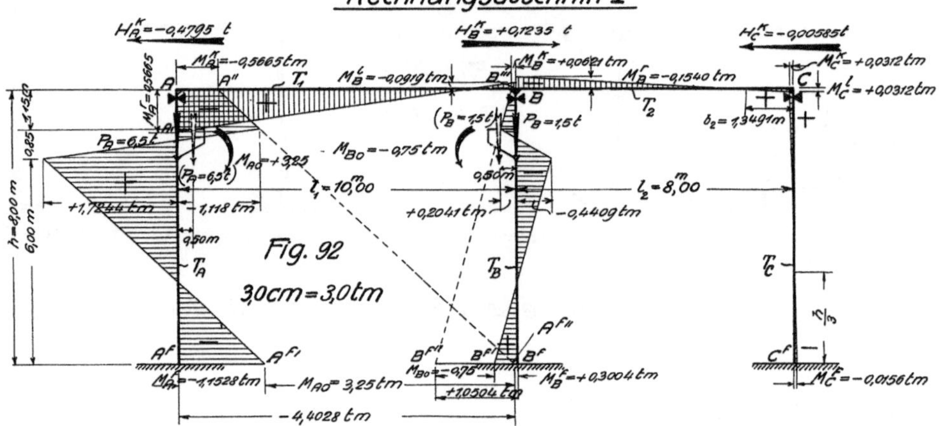

$$\sum H^k = -0{,}1462 + 0{,}005\,93 - 0{,}001\,00 = -0{,}141\,25 \text{ t}$$

(„Reaktion").

b) Momente und Horizontalschübe infolge Belasten der Konsole an der Säule B mit $M_{B0} = -1{,}00$ tm.

Nach den Formeln (212), (213) und (214) ergibt sich unter Berücksichtigung, daß

$$\tau_{B1}^k = -\varphi_{A1}^k = -\frac{210{,}4189}{E}:$$

$$M_B^l = -\frac{\left[\tau_{B1}^k\right]}{\imath_B^l + \imath_B^k + \dfrac{\imath_B^l \cdot \imath_B^k}{\imath_B^r}} = +0{,}1288 \text{ tm,}$$

$$M_B^r = +\frac{\left[\varphi_{B1}^k\right]}{\tau_B^r + \imath_B^k + \dfrac{\imath_B^r \cdot \imath_B^k}{\imath_B^l}} = -0{,}0910 \text{ tm,}$$

$$M_B^k = \left[M_B^l\right] - \left[M_B^r\right] = +0{,}2198 \text{ tm.}$$

$$M_C^l = +0{,}018\,45 \text{ tm,} \quad M_C^k = +0{,}018\,45 \text{ tm,}$$

$$M_C^f = -0{,}009\,23 \text{ tm.}$$

Ferner bestimmen wir die Horizontalschübe, welche das angenommene Lager auf den Kopf der belasteten Säule B ausübt; in Formel (219) hat H_{B1}^k den entgegengesetzt gleichen Wert wie H_{A1}^k an der Säule B infolge der Belastung $M_{A0} = +1{,}00$ tm; es ist daher:

$$H_{B1}^k = +0{,}1802 \text{ t;}$$

H_{B2}^k erhalten wir nach Formel (201) zu:

$$H_{B2}^k = -\frac{3}{2\,h} \cdot \left[M_B^k\right] = -0{,}0412 \text{ t;}$$

es ergibt sich also jetzt:

$$H_B^k = H_{B1}^k + H_{B2}^k = +0{,}1390 \text{ t.}$$

An den Köpfen der unbelasteten Säulen A und C erhalten wir nach Formel (201):

$$H_A^k = - \frac{3}{2\,h} \cdot \left[M_A^k \right] = - 0{,}005\,93 \text{ t}$$

und

$$H_C^k = - \frac{3}{2\,h} \cdot \left[M_C^k \right] = - 0{,}003\,46 \text{ t}.$$

Die Summe der von den angenommenen Lagern auf die Köpfe der Säulen übertragenen Horizontalschübe beträgt

$$\sum H^k = + 0{,}1390 - 0{,}005\,93 - 0{,}003\,46 = + 0{,}1296 \text{ t}$$

(„Reaktion").

Nachdem die Momente und Horizontalschübe infolge der Belastungen $M_{A0} = + 1{,}00$ tm und

$M_A^k = - 0{,}5665$ tm, den resultierenden Horizontalschub $H_A^k = - 0{,}4795$ t, und das Lastmoment $M_{A0} = + 3{,}25$ tm an (siehe Fig. 92).

Auf ähnliche Weise wurde die Momentenfläche an der belasteten Säule B erhalten.

Bei der Bestimmung der Momentenfläche aus Rechnungsabschnitt I kann man laut Kapitel VIII die Endsäulen A und C in die Verlängerung der Balkenachse hinaufklappen und wie am Ende eingespannte Balkenendfelder behandeln, wobei in A und C frei drehbare Auflager sein müssen.

Rechnungsabschnitt II.

Nach dem vorigen Rechnungsabschnitt ergibt sich ein auf die frei drehbaren Lager an den

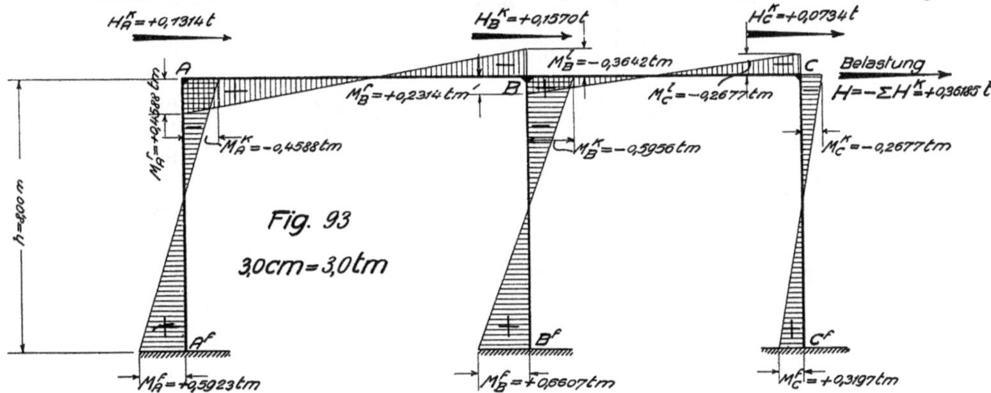

$M_{B0} = - 1{,}00$ tm bestimmt sind, erhalten wir die Momente und Horizontalschübe infolge der gleichzeitigen Wirkung der Lastmomente $M_{A0} = + 3{,}25$ tm und $M_{B0} = - 0{,}75$ tm durch Multiplikation mit 3,25 bzw. 0,75 und Addition der entsprechenden Produkte.

Die resultierende, in Fig. 92 dargestellte, dem Rechnungsabschnitt I entsprechende Momentenfläche wurde folgendermaßen ermittelt:

Am Balken der ersten und zweiten Öffnung sowie an der unbelasteten Säule C ist die Momentenfläche geradlinig begrenzt; es genügt daher, die in Fig. 92 eingetragenen resultierenden Eckmomente als Ordinaten anzutragen und die Endpunkte der letzteren entsprechend geradlinig zu verbinden.

Zur Ermittelung der Momente an der belasteten Säule A denken wir uns die letztere am Kopfe vom Balken getrennt und bringen an der unten eingespannten, nach oben frei auskragenden Säule als Belastung das resultierende Moment

Säulenköpfen wirkender gesamter, nach links gerichteter Horizontalschub

$$\sum H^k = 3{,}25 \cdot (- 0{,}141\,25) + 0{,}75 \cdot 0{,}1296$$
$$= - 0{,}361\,85 \text{ t (\text{„Reaktion"})}.$$

Wir entfernen jetzt diese Lager und ermitteln die Zusätze infolge Belasten des Rahmens mit der äußeren, nach rechts gerichteten, in Balkenachse wirkenden Kraft:

$$H = - \sum H^k = + 0{,}36185 \text{ t} \cdot (\text{„Aktion"}).$$

Diese in Fig. 93 dargestellten Zusätze erhalten wir dadurch, daß wir die früher ermittelten Momente M^* und Horizontalschübe H^{k*} infolge $H = + 1{,}00$ t mit 0,361 85 multiplizieren.

Durch Addition der Momente und Horizontalschübe aus Rechnungsabschnitt I und II ergeben sich nun die endgültigen, durch Kranbelastung am Rahmen hervorgerufenen Momente und Horizontalschübe („Reaktionen"), welche in Fig. 94 dargestellt sind.

In Fig. 95 sind die Querkräfte am Rahmen infolge Kranbelastung dargestellt. Die Querkräfte am Balken wurden nach Abschnitt III des Kapitels V ermittelt. Die Querkraft an der unbelasteten Säule erhielt man nach Kapitel VI, Abschnitt I, Nummer 3; sie ist einfach gleich dem resultierenden Horizontalschub H_C^k und auf die ganze Säulenhöhe konstant. Die Querkraftsflächen an

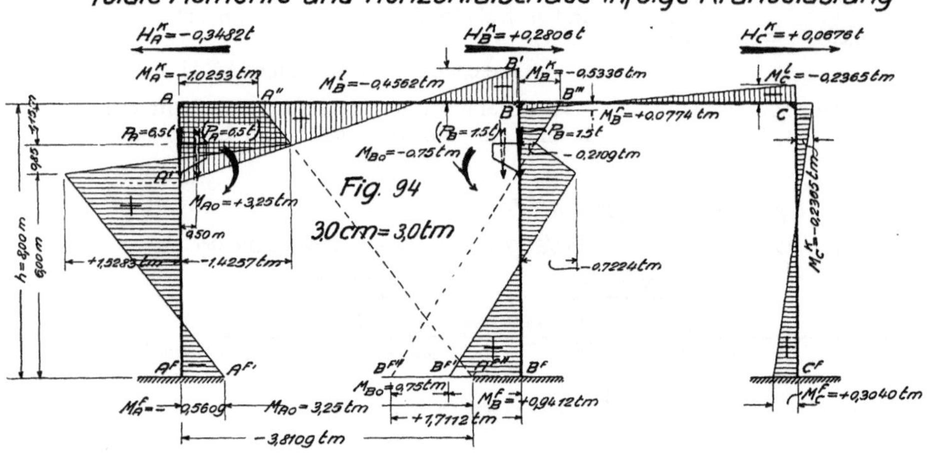

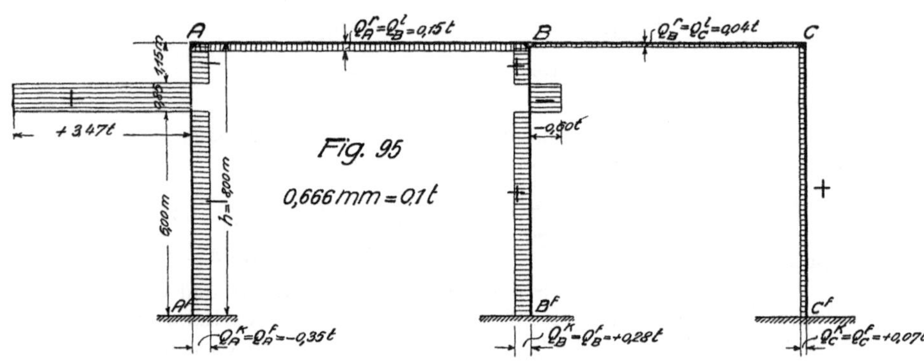

den belasteten Säulen erhielt man nach Kapitel V, Abschnitt I, Nummer 4; um z. B. die Querkraftsfläche an der belasteten Säule A zu erhalten, denken wir uns dieselbe am Kopf vom Balken getrennt und mit dem resultierenden Horizontalschub H_A^k sowie mit zwei entgegengesetzt gleichen Horizontalkräften belastet, welche im Abstand 0,85 m (Konsolhöhe, vergl. Fig. 92) an der Konsol-Ober- und -Unterkante infolge des Konsolmomentes M_{A0} entstehen.

Beispiel II.
Ermittlung der Einflußlinien der Momente, Querkräfte, Auflagerdrücke und Horizontalschübe an einer Rahmenbrücke über drei Öffnungen.

Das System und die Abmessungen der Rahmenbrücke sind in Fig. 96 dargestellt. Die beiden Pfeiler werden als unten eingespannt und die beiden Endauflager als frei verschieblich angenommen; das Trägheitsmoment des Balkens ist veränderlich.

Da es hier nur darauf ankommt, die Einflußlinien zur Berechnung des Rahmens zu zeigen, so nehmen wir die Lage der Fixpunkte am Balken und an den Pfeilern, die Verkleinerungskoeffizienten μ, sowie die Kreuzlinien - Abschnitte als gegeben an.

Rechnungsabschnitt I.

Wir nehmen an, der Balken des Rahmens sei vorübergehend horizontal unverschieblich festgehalten. Unter dieser Annahme ermitteln wir die in den Fig. 111 bis 124 gestrichelt dargestellten Einflußlinien.

Zu diesem Zweck zeichnen wir die am kontinuierlichen Balken von der wandernden Last $P = 1,00$ t in einer jeden Stellung derselben hervorgerufene, über alle Öffnungen sich erstreckende Momentenfläche (Fig. 97), in welcher alle Einflußordinaten enthalten sind; hierbei ist zu beachten, daß die Momente an den Pfeilern B und C beim Überschreiten der letzteren mit den entsprechenden Verkleinerungskoeffizienten μ zu multiplizieren sind.

Die Ordinaten der Einflußlinie des Biegungsmomentes für einen Schnitt finden wir als die auf der Senkrechten durch diesen Schnitt abgegriffenen Ordinaten sämtlicher, den einzelnen Laststellungen in allen Öffnungen entsprechenden Momentenflächen; diese Abschnitte werden in denjenigen Laststellungen aufgetragen, aus deren zugehöriger Momentenfläche sie gewonnen wurden. Die Ordinaten der Einflußlinie der Querkraft für einen Schnitt in der belasteten Öffnung finden wir aus dem Kräftepolygon, mit dem die den einzelnen Laststellungen entsprechenden einfachen Momentenflächen in dieser Öffnung gezeichnet wurden, und in welchem die Ordinaten durch die Parallelen zu den den einzelnen Laststellungen entsprechenden Schlußlinien auf der Last $P = 1$ t abgeschnitten werden (Fig. 97a und 97b); die Ordinaten der Einflußlinie der Querkraft für einen Schnitt in einer unbelasteten Öffnung werden auf einer im Abstand H (Polweite) vom Fixpunkt, durch welchen die den einzelnen Laststellungen entsprechenden Schlußlinien in dieser Öffnung gehen, gezogenen Vertikalen von den genannten Schlußlinien abgeschnitten (vergl. Kapitel V, Abschnitt III, Nummer 2). Die Ordinaten der Einflußlinie des Auflagerdrucks an einer Endstütze sind identisch mit denjenigen der Einflußlinie der Querkraft daselbst; die Ordinaten der Einflußlinie des Auflagerdrucks an einer Mittelstütze sind gleich der Summe der Ordinaten der Einflußlinien für die Querkräfte unmittelbar links und rechts dieser Stütze.

Es ist noch die in Fig. 125 dargestellte Einflußlinie für den Horizontalschub an einem der beiden Pfeilerköpfe, z. B. am Pfeiler B, vorzuführen:

Nach Formel (200) ergibt sich mit den in Fig. 96 eingetragenen Abmessungen:

$$H_B^k = - \frac{3h + 6f}{2(h^2 + 3hf + 3f^2)} \cdot \left[M_B^k\right] = - 0{,}217 \cdot \left[M_B^k\right]$$

$$\left(\text{„Reaktion“}\right).$$

Daraus geht hervor, daß die in Fig. 125 gestrichelt dargestellte Einflußlinie des Horizontalschubs H_B^k genau gleich der in Fig. 114 gestrichelten, jedoch mit entgegengesetztem Vorzeichen zu nehmenden Einflußlinie von M_B^k gezeichnet werden kann, wobei die Ordinaten der letzteren mit 0,217 zu multiplizieren oder die Ordinaten der Einflußlinie für H_B^k (da die Einflußlinie für M_B^k im Maßstab 1,00 cm = 2,0 tm aufgetragen ist) im Maßstab 1,00 cm = $0{,}217 \cdot 2{,}0 = 0{,}434$ t, oder, wie in Fig. 125 dargestellt, im Maßstab 1,00 t = $\dfrac{1}{0{,}434}$ = 2,30 cm aufzuzeichnen sind.

Rechnungsabschnitt II.

Solange die während des Rechnungsabschnittes I in A und D angenommenen festen Gelenklager vorhanden sind, wird vom Balken auf die Köpfe der Pfeiler B und C in jeder Stellung der wandernden Last $P = 1{,}00$ t ein Horizontalschub H_B^k bezw. H_C^k übertragen, dessen Größe nach Formel (200) zu bestimmen ist. Die entgegengesetzt gleichen Horizontalschübe werden von den beiden Pfeilerköpfen auf den Balken übertragen; die in Balkenachse wirkende Resultante

$$H_{P_{res}}^k = - \left[H_B^k + H_C^k\right] \quad \left(\text{„Aktion“}\right)$$

dieser beiden Kräfte wird mittels des Balkens auf die angenommenen festen Lager übertragen und durch letztere verhindert, den Balken horizontal zu verschieben. Entfernen wir jetzt die angenommenen festen Lager in A und D und stellen auf diese Weise den ursprünglichen Zustand der freien Verschiebbarkeit wieder her, so erteilt die vorgenannte, in einer jeden der einzelnen Stellungen der Last $P = 1{,}00$ t erzeugte Horizontalkraft, sofern sie von Null verschieden ist, dem Balken eine in ihrer Richtung erfolgende Verschiebung, welcher neue, bisher noch nicht berücksichtigte innere Kräfte entsprechen. Die im Rechnungsabschnitt I ermittelten, in den Fig. 111 bis 125 gestrichelt dargestellten Einflußlinien der Biegungsmomente, Querkräfte, Auflagerdrücke und des Horizontalschubes H_B^k müssen daher noch durch Zusätze ergänzt werden.

Zur Bestimmung dieser Zusätze ermitteln wir nachfolgend die einer jeden Stellung der wandernden Last $P = 1{,}00$ t entsprechende Ursache dieser Zusätze, nämlich die jeweilige Kraft $H_{P_{res}}^k$; dann folgt die Ermittlung der von den einzelnen Kräften $H_{P_{res}}^k$ am Balken hervorgerufenen Momente, Querkräfte und Auflagerdrücke sowie die Ermittlung der Horizontalschübe an den Pfeilerköpfen und schließlich die Bestimmung der Zusätze selbst.

1. Horizontalschub $H_{P_{res}}^k$ („Aktion“) in den einzelnen Stellungen der Kraft $P = 1{,}00$ t.

Nach obenstehender Gleichung erhalten wir mittels Formel (200):

$$H_{P_{res}}^k = \frac{3h + 6f}{2(h^2 + 3hf + 3f^2)} \cdot \left[M_B^k + M_C^k\right]$$

$$= 0{,}217 \cdot \left[M_B^k + M_C^k\right].$$

Nach dieser Gleichung wurden die Ordinaten der in Fig. 98 dargestellten Einflußlinie des Horizontalschubes $H_{P_{res}}^k$ an Hand der Fig. 97 ermittelt. Um beispielsweise die Ordinate im Schnitt III zu erhalten, greifen wir in Fig. 97 die von der Schlußlinie 3 der ersten und zweiten Öffnung auf der Senkrechten durch B bestimmte negative Strecke M_B^k mit dem Zirkel ab und addieren dazu die von der Schlußlinie 3 der zweiten und dritten Öffnung auf der Senkrechten durch C bestimmte positive Strecke M_C^k; berücksichtigen wir, daß die algebraische Summe dieser beiden Strecken mit dem Momentenmaßstab

$$H_{P_{res}}^k = 0,217 \cdot 2,0 \cdot \left[- \text{Strecke } M_B^k + \text{Strecke } M_C^k\right]$$
$$= 0,434 \cdot \left[- \text{Strecke } M_B^k + \text{Strecke } M_C^k\right].$$

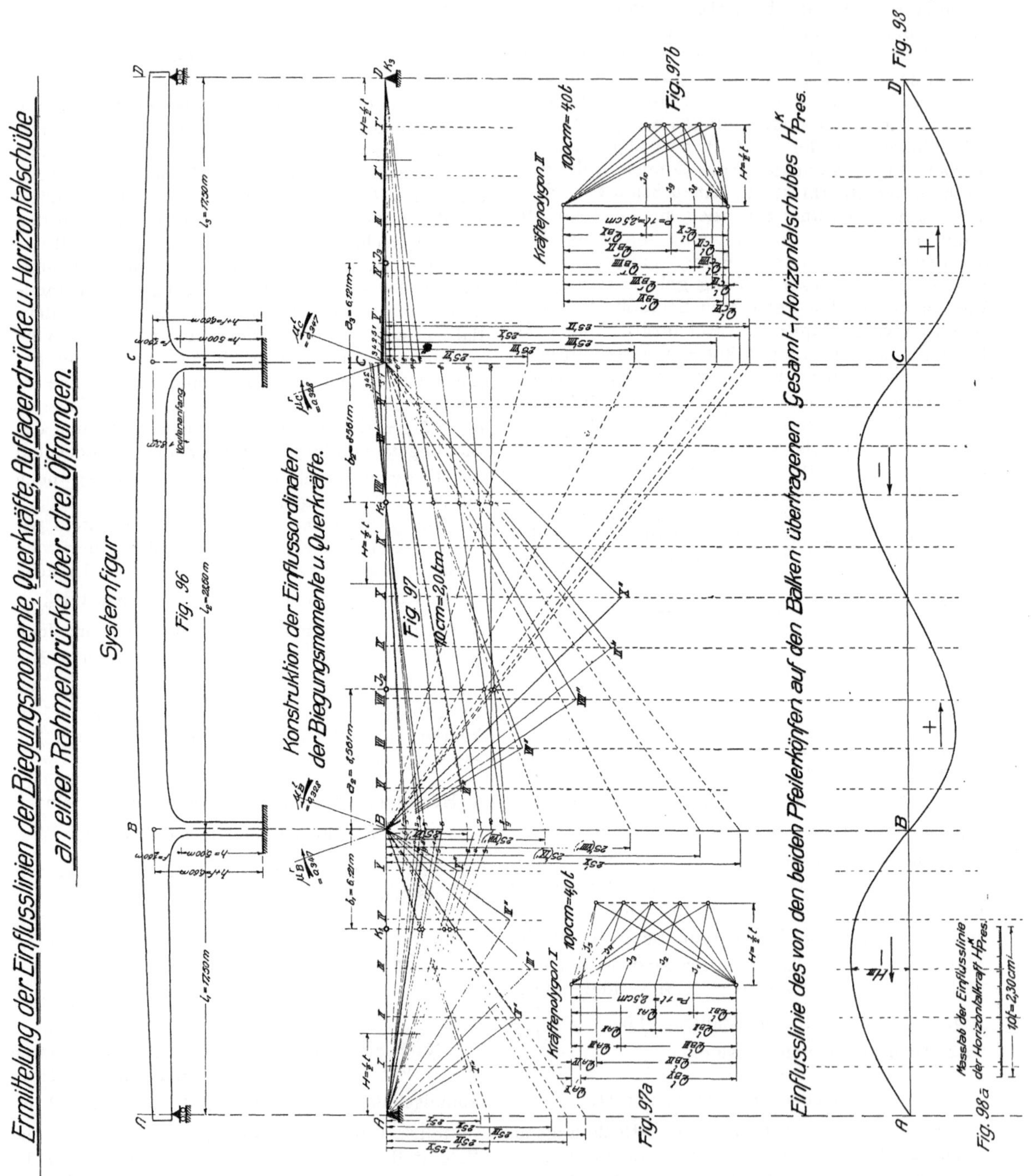

1,00 cm $= 2,0$ tm der Fig. 97 zu messen und mit dem Faktor 0,217 zu multiplizieren ist, so erhalten wir $H_{P_{res}}^k$ in der folgenden Form:

Die mit dem Zirkel gebildete algebraische Summe der beiden in Fig. 97 abgegriffenen Momentenstrecken M_B^k und M_C^k wurde ohne weitere

Umwandlung in Fig. 98 abgetragen; die Multiplikation mit dem Faktor 0,434 berücksichtigen wir

In bezug auf das Vorzeichen gilt für vorliegendes Beispiel folgendes: In den Laststellungen I bis V der

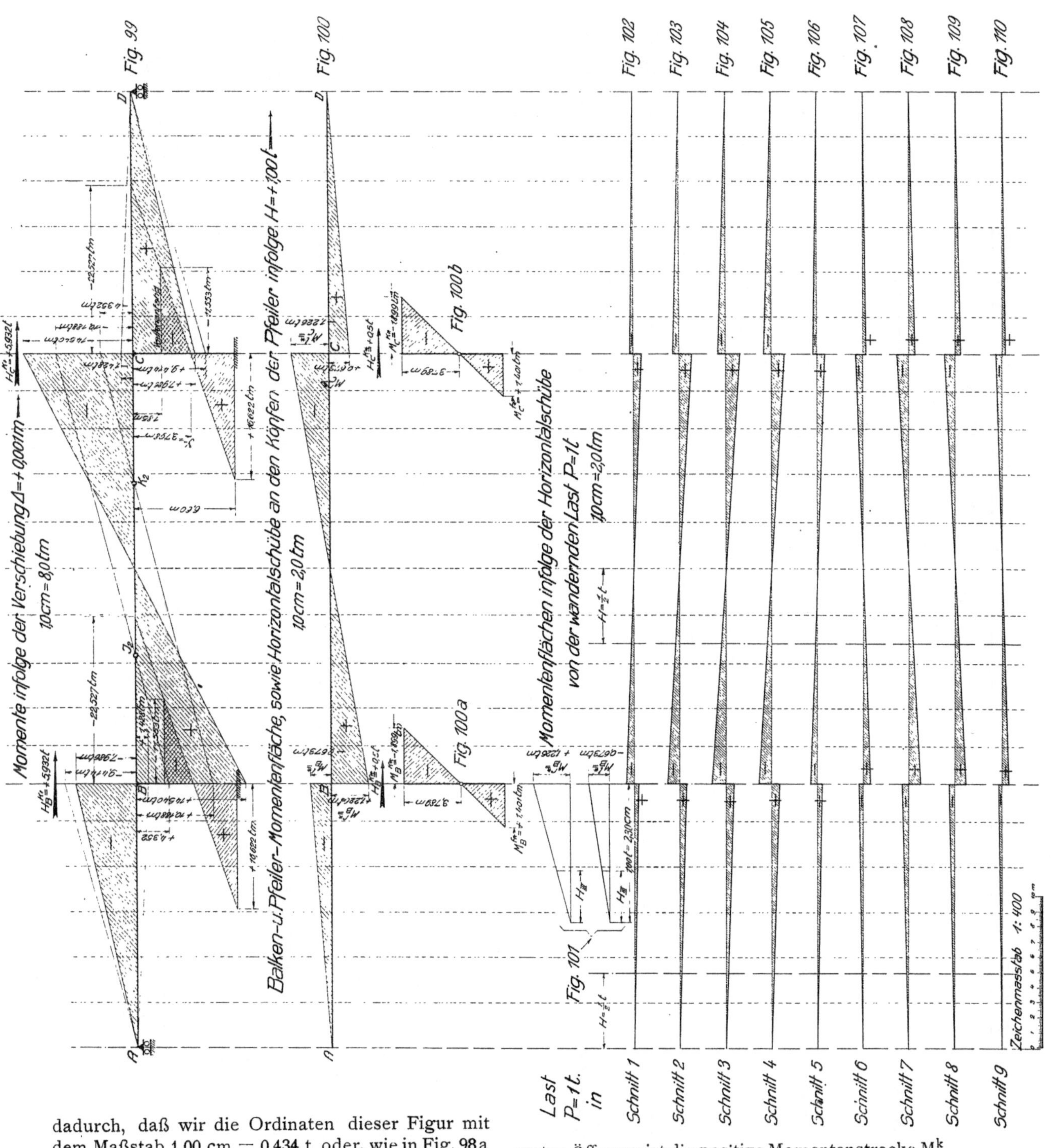

dadurch, daß wir die Ordinaten dieser Figur mit dem Maßstab 1,00 cm = 0,434 t oder, wie in Fig. 98a dargestellt, mit dem Maßstab $1,00\,t = \dfrac{1}{0,434} = 2,30\,cm$ messen.

ersten Öffnung ist die positive Momentenstrecke M_C^k kleiner als die negative Momentenstrecke M_B^k, während in den Laststellungen V bis IX

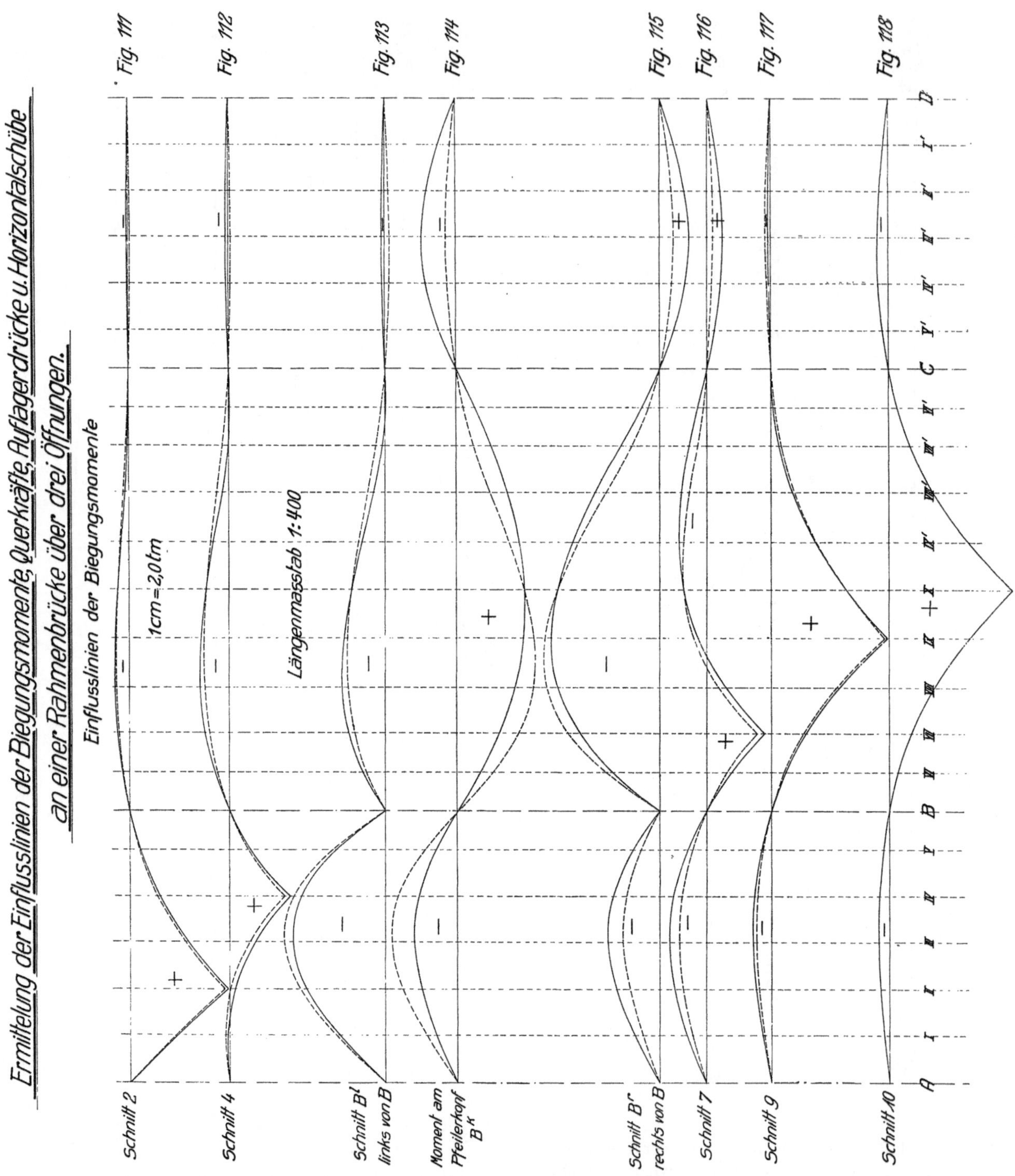

der linken Hälfte der zweiten Öffnung die positive Momentenstrecke M_B^k größer ist als die negative Momentenstrecke M_C^k; nach der vorstehenden Gleichung hat daher $H_{P_{res}}^k$ negatives Vorzeichen in allen Laststellungen der ersten Öffnung, d. h. $H_{P_{res}}^k$ ist hier nach links gerichtet,

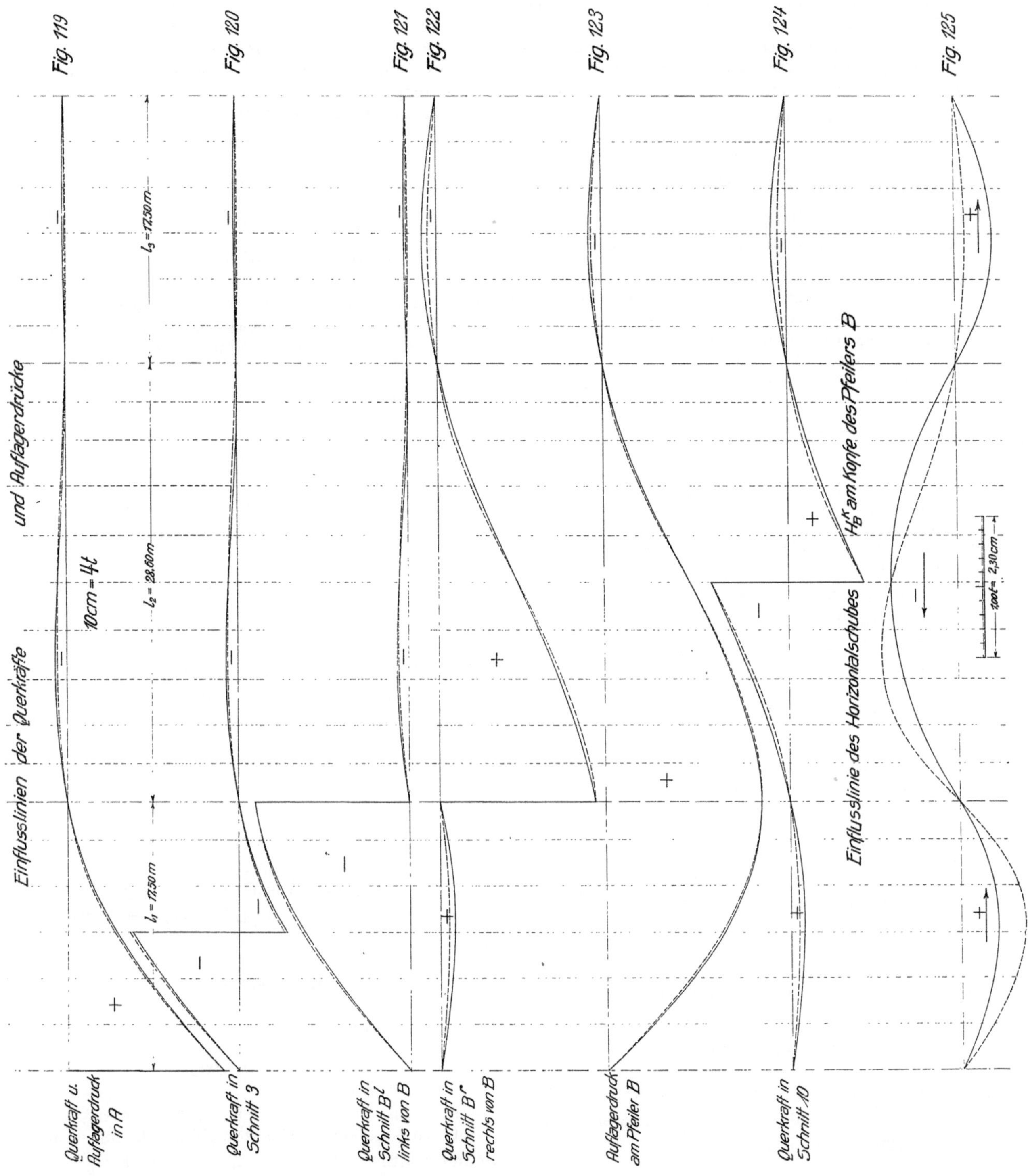

und positives Vorzeichen in allen Laststellungen der linken Hälfte der zweiten Öffnung, d. h. $H^k_{P_{res}}$ ist dort nach rechts gerichtet. Aus Symmetriegründen haben die Ordinaten links und rechts der Mitte gleiche Größe, aber entgegengesetztes Vorzeichen.

2. Ermittlung der Momentenflächen, Querkräfte und Auflagerdrücke am Balken sowie der Horizontalschübe an den Pfeilerköpfen, welche in den einzelnen Stellungen der wandernden Last $P = 1{,}00$ t von den hierbei entstehenden Horizontalschüben $H^k_{P_{res}}$ erzeugt werden.

Wir gehen so vor, daß wir zunächst die in Fig. 100 dargestellten Momente M^* infolge des nach rechts gerichteten Horizontalschubs $H = +1{,}00$ t ermitteln; multiplizieren wir dann diese Momente mit den Horizontalschüben $H^k_{P_{res}}$, welche den einzelnen Stellungen der Kraft $P = 1{,}00$ t entsprechen und in Fig. 98 dargestellt sind, so erhalten wir die von diesen Horizontalschüben hervorgerufenen, in den Figuren 102 bis 110 dargestellten Momentenflächen. Die Momente M^* infolge $H = +1{,}00$ t erhalten wir nach Abschnitt II des Kapitels VII (siehe auch Beispiel I, Seite 72 und folgende) indirekt aus den Momenten M', welche am Rahmen durch die gleichzeitige horizontale Verschiebung sämtlicher Pfeilerköpfe um $\varDelta = +1{,}00$ mm nach rechts entstehen, und welche daher zuerst ermittelt werden sollen.

a) Momente am Balken infolge der horizontalen Verschiebung des Pfeilerkopfes B um $\varDelta = +0{,}001$ m (Fig. 99).

Wir ermitteln zunächst $M^l_{B(\varDelta B)}$ und $M^r_{B(\varDelta B)}$ nach den Formeln (253) und (254); darin wird eingeführt:

nach Gl. (41): $\qquad \tau^k_B = \dfrac{7{,}831}{E}$;

nach Gl. (107) mit $a' = 0$: $\quad \tau^l_B = \dfrac{15{,}964}{E}$;

nach Gl. (108): $\qquad \tau^r_B = \tau^l_C = \dfrac{14{,}751}{E}$;

während γ^k_{B1} sich nach Formel (257) ergibt zu: $\gamma^k_{B1} = 0{,}000\,217$; mit diesen Werten sowie mit $E = 1\,400\,000\ \dfrac{t}{m^2}$ erhalten wir:

$$M^l_{B(\varDelta B)} = -9{,}414 \text{ tm}$$

und

$$M^r_{B(\varDelta B)} = +10{,}188 \text{ tm}.$$

$M^r_{B(\varDelta B)}$ pflanzen wir nach rechts mittels des Fixpunktes K_2 und des Verkleinerungskoeffizienten $\mu^r_C = 0{,}328$ fort; es ergibt sich:

$$M^l_{C(\varDelta B)} = -M^r_{B(\varDelta B)} \cdot \frac{b_2}{l_2 - b_2} = -4{,}352 \text{ tm,}$$

und

$$M^r_{C(\varDelta B)} = \mu^l_C \cdot M^l_{C(\varDelta B)} = -1{,}428 \text{ tm.}$$

b) Momente am Balken infolge der horizontalen Verschiebung des Pfeilerkopfes C um $\varDelta = +0{,}001$ m (Fig. 99).

Aus Symmetriegründen sind diese Momente die entgegengesetzt gleichen wie die vorher unter (a) ermittelten; es beträgt daher:

$$M^l_{B(\varDelta C)} = +1{,}428 \text{ tm};$$

$$M^r_{B(\varDelta C)} = +4{,}352 \text{ tm};$$

$$M^l_{C(\varDelta C)} = -10{,}188 \text{ tm};$$

$$M^r_{C(\varDelta C)} = +9{,}414 \text{ tm.}$$

c) Resultierende Momente M' und Horizontalschübe $H^{k'}$ am Rahmen infolge der gleichzeitigen Verschiebung der Pfeilerköpfe B und C um $\varDelta = +0{,}001$ m (Fig. 99).

Aus den unter (a) und (b) ermittelten Momenten ergibt sich durch Addition:

$$M^{l'}_B = -7{,}986 \text{ tm}; \qquad M^{r'}_B = +14{,}540 \text{ tm};$$

$$M^{l'}_C = -14{,}540 \text{ tm}; \qquad M^{r'}_C = +7{,}986 \text{ tm};$$

ferner folgt aus Formel (255):

$$M^{k'}_B = [-7{,}9864] - [+14{,}5403] = -22{,}527 \text{ tm} \quad \text{und}$$

$$M^{k'}_C = M^{k'}_B = -22{,}527 \text{ tm.}$$

Zur Ermittlung des Horizontalschubes $H^{k'}_B$ setzen wir in Formel (261) nach Gl. (264):

$$H^{k'}_{B1} = [+0{,}001] \cdot \frac{3 \cdot 1\,400\,000 \cdot 0{,}0704}{5{,}00\,(5{,}00^2 + 3 \cdot 5{,}00 \cdot 1{,}60 + 3 \cdot 1{,}60^2)}$$
$$= +1{,}0433 \text{ t}$$

und nach Formel (200)

$$H^{k'}_{B2} = -\frac{3 \cdot 5{,}00 + 6 \cdot 1{,}60}{2\,(5{,}00^2 + 3 \cdot 5{,}00 \cdot 1{,}60 + 3 \cdot 1{,}60^2)} \times [-22{,}527] = +4{,}8883 \text{ t,}$$

womit dann:

$$H^{k'}_B = +1{,}0433 + 4{,}8883 = +5{,}932 \text{ t.}$$

Desgleichen ergibt sich:

$$H^{k'}_C = H^{k'}_B = +5{,}932 \text{ t.}$$

Denken wir uns den unten eingespannten, am Kopfe vom Balken getrennten Pfeiler B mit den Schnittkräften $M^{k'}_B = -22{,}527$ tm und $H^{k'}_B = +5{,}932$ t belastet, so beträgt das Moment $M^{y'}_B$ im Abstand y vom Pfeilerkopf:

$$M^{y'}_B = -22{,}527 + 5{,}932 \cdot y \text{ tm,}$$

wonach das Pfeilerfußmoment beträgt:

$$M_B^{f'} = -22{,}527 + 5{,}932 \cdot 6{,}60 = +16{,}622 \text{ tm.}$$

d) Momente M* und Horizontalschübe Hk* am Rahmen infolge der Belastung H = + 1,00 t (Fig. 100, 100a u. 100b):

Die Summe der beiden, infolge der Verschiebung $\varDelta = +0{,}001$ m an den Köpfen der Pfeiler entstehenden Horizontalschübe beträgt nach den vorhergehenden Ermittlungen:

$$\sum H^{k'} = H_B^{k'} + H_C^{k'} = +11{,}864 \text{ t.}$$

Würde man diese in Balkenachse wirkende innere Kraft als äußere Belastung am Rahmen anbringen, so würde diese Belastung umgekehrt die Verschiebung $\varDelta = +0{,}001$ m und die der letzteren entsprechenden, unter (c) berechneten Momente und Horizontalschübe hervorrufen; daraus folgt, daß durch die äußere Belastung H = + 1,00 t Momente und Horizontalschübe am Rahmen entstehen, welche aus denjenigen infolge der Verschiebung $\varDelta = +0{,}001$ m dadurch hervorgehen, daß man die letzteren durch 11,864 dividiert. Die Momente, sowie die vom Balken auf die Köpfe der Pfeiler ausgeübten Horizontalschübe infolge H = + 1,00 t betragen daher:

$$M_B^{l*} = -0{,}673 \text{ tm;} \quad M_B^{r*} = +1{,}226 \text{ tm;}$$

$$M_C^{l*} = -1{,}226 \text{ tm;} \quad M_C^{r*} = +0{,}673 \text{ tm.}$$

$$M_B^{k*} = M_C^{k*} = -1{,}899 \text{ tm;}$$

$$M_B^{v*} = M_C^{v*} = -0{,}974 \text{ tm.}$$

$$M_B^{f*} = M_C^{f*} = +1{,}401 \text{ tm;}$$

$$H_B^{k*} = H_C^{k*} = +0{,}500 \text{ t.}$$

e) Balkenmomentenflächen (Fig. 102 bis 110), welche in den Stellungen I bis IX der wandernden Last P = 1,00 t von den einzelnen hierbei am Balken entstehenden Gesamthorizontalschüben $H_{P_{res}}^k$ hervorgerufen werden.

Steht beispielsweise die wandernde Last P = 1,00 t im Schnitt III, so wird auf den Balken von den Köpfen der beiden Pfeiler ein gesamter, nach links gerichteter Horizontalschub H_{III} ("Aktion") übertragen, dessen Größe aus der Einflußlinie der Fig. 98 erhalten wird, indem wir daselbst die Ordinate III mit dem Maßstab diese Figur messen; um die durch H_{III} hervorgerufene

in Fig. 104 dargestellte Balkenmomentenfläche zu erhalten, hat man nur nötig, die Momentenordinaten $M_B^{l*} = M_C^{r*}$ und $M_B^{r*} = M_C^{l*}$ der Fig. 100 mit H_{III} zu multiplizieren, die neuen Momentenordinaten in Fig. 104 aufzutragen und die Endpunkte derselben geradlinig zu verbinden. Diese Multiplikation wurde in einfacher Weise graphisch mittels der beiden in Fig. 101 dargestellten Reduktionswinkel vorgenommen.

f) Querkräfte und Auflagerdrücke am Balken, welche in den Stellungen I bis IX der wandernden Last P = 1,00 t von den einzelnen hierbei am Balken entstehenden Gesamthorizontalschüben $H_{P_{res}}^k$ hervorgerufen werden.

Wir belasten die einfachen Balken der ersten und zweiten Öffnung mit den aus den Fig. 102 bis 110 hervorgehenden Stützenmomenten und ermitteln die entsprechenden Auflagerdrücke; wir erhalten die letzteren, indem wir (Fig. 102 bis 110) in der ersten Öffnung von A aus und in der zweiten Öffnung von der Mitte aus im Abstande $H = \dfrac{1}{2}$ t (Polweite der den einzelnen Laststellungen entsprechenden Momentenflächen, Fig. 97) eine Vertikale ziehen und die Momentenordinaten auf der letzteren mit dem Kräftemaßstabe messen, in welchem die Polweite H aufgetragen wurde (vergl. Kapitel V, Abschnitt III, Nummer 2b).

3. Zusätze zu den im Rechnungsabschnitt I ermittelten, in den Fig. 111 bis 125 gestrichelt dargestellten Einflußlinien der Biegungsmomente, Querkräfte, Auflagerdrücke und Horizontalschübe.

Diese Zusätze sind eine Folge der Horizontalschübe $H_{P_{res}}^k$, welche in den einzelnen Stellungen der wandernden Last P = 1,00 t auf den Balken übertragen werden und durch die Einflußlinie der Fig. 98 dargestellt sind. Da nun die Ordinaten der linken Hälfte dieser Einflußlinie entgegengesetzt gleich sind den Ordinaten der rechten Hälfte, so können wir uns darauf beschränken, die Zusätze auf der linken Hälfte der einzelnen Einflußlinien zu ermitteln und die Zusätze auf der rechten Hälfte entgegengesetzt gleich zu nehmen. In den Fig. 111 bis 125 bedeuten die voll ausgezogenen Kurven die Einflußlinien mit Berücksichtigung der Zusätze.

a) Zusätze zu den Einflußlinien der Biegungsmomente.

Beispielsweise erhält man die Zusätze zu den Ordinaten der in Fig. 112 gestrichelt gezeichneten Einflußlinie des Biegungsmomentes im Schnitt IV aus den in den Fig. 102 bis 110 dargestellten Balkenmomentenflächen, und zwar ist der Zusatz im Schnitt I gleich der im Schnitt IV der Fig. 102

abgegriffenen Momentenordinate, der Zusatz im Schnitt II gleich der im Schnitt IV der Fig. 103 abgegriffenen Momentenordinate, und so weiter in allen übrigen Schnitten der linken Hälfte.

Desgleichen betrachten wir noch die Zusätze zu den Ordinaten der in Fig. 114 gestrichelt dargestellten Einflußlinie des Biegungsmomentes M_B^k: Im Schnitt I ist die Zusatzordinate gleich der Summe der Momentenordinaten $M_{B_{zus.}}^l$ und $M_{B_{zus.}}^r$ in Fig. 102 (weil $M_{B_{zus.}}^k = \left[+ M_{B_{zus.}}^l \right] - \left[- M_{B_{zus.}}^r \right]$), im Schnitt II ist der Zusatz gleich der Summe der Momentenordinaten $M_{B_{zus.}}^l$ und $M_{B_{zus.}}^r$ in Fig. 103, und so weiter in allen übrigen Schnitten der linken Hälfte.

b) Zusätze zu den Einflußlinien der Querkräfte:

Die Zusätze zu den Ordinaten I bis IX der in Fig. 119 gestrichelt dargestellten Einflußlinie der Querkraft in A sind gleich den Auflagerdrücken, welche auf die vorher unter 2, f) beschriebene Weise am linken Ende des einfachen Balkens AB erhalten werden. Beispielsweise ist der Zusatz im Schnitt I gleich der in der Momentenfläche (Fig. 102) abgegriffenen Momentenordinate im Abstande H von A, der Zusatz im Schnitt II gleich der in der Momentenfläche der Fig. 103 abgegriffenen Momentenordinate im Abstande H von A, usw.

Die Zusätze zu den gestrichelt dargestellten Einflußlinien der Querkräfte in den Schnitten III und B^l (Fig. 120 u. 121) sind gleich den vorhergehend behandelten Zusätzen zu der Einflußlinie der Querkraft in A.

Die Zusätze zu den gestrichelt dargestellten Einflußlinien der Querkräfte in den Schnitten B^r und X (Fig. 122 u. 124) sind gleich den Auflagerdrücken, welche auf die vorher unter 2, f) beschriebene Weise am linken Ende des einfachen Balkens BC erhalten werden. Beispielsweise ist der Zusatz im Schnitt I beider Einflußlinien (weil in unbelasteten Öffnungen die Querkraft über die ganze Öffnung konstant ist) gleich der in der Momentenfläche der Fig. 102 abgegriffenen Momentenordinate im Abstande H von der Trägermitte, der Zusatz im Schnitt II beider Einflußlinien gleich der in der Momentenfläche der Fig. 103 abgegriffenen Momentenordinate im Abstande H von der Trägermitte, usw.

c) Zusätze zu den Einflußlinien der Auflagerdrücke.

Die Zusätze zu den Ordinaten der Einflußlinie des Auflagerdrucks in A sind identisch mit denjenigen zu den Ordinaten der Einflußlinie für die Querkraft daselbst.

Die Zusätze zu den Ordinaten I bis IX der in Fig. 123 gestrichelt dargestellten Einflußlinie des Auflagerdrucks in B sind jeweils gleich der algebraischen Summe der beiden Auflagerdrücke, welche auf die vorher unter 2, f) beschriebene Weise am rechten Ende des einfachen Balkens AB und am linken Ende des einfachen Balkens BC erhalten werden. Beispielsweise ist der Zusatz im Schnitt I gleich der algebraischen Summe der beiden Momentenordinaten, welche in der Momentenfläche der Fig. 102 im Abstande H von A und im Abstande H von der Trägermitte abgegriffen werden; ebenso ist der Zusatz im Schnitt II gleich der algebraischen Summe der beiden Momentenordinaten, welche in der Momentenfläche der Fig. 103 im Abstande H von A und im Abstande H von der Trägermitte abgegriffen werden, usw.

d) Zusätze zu den Ordinaten der in Fig. 125 gestrichelt dargestellten Einflußlinie des Horizontalschubs H_B^k am Kopfe B^k des Pfeilers B.

Nach Fig. 100 erzeugt eine äußere, am Rahmen in Balkenachse angreifende, nach rechts gerichtete Horizontalkraft $H = + 1{,}00$ t einen Horizontalschub $H_B^{k*} = + 0{,}5$ t. Man erhält daher die Zusätze zu den Ordinaten der gestrichelten Einflußlinie von H_B^k in einfacher Weise dadurch, daß man die Ordinaten der in Fig. 98 dargestellten Einflußlinie von $H_{P_{res}}^k$ halbiert; das Vorzeichen der Zusätze ist gleich dem Vorzeichen der Ordinaten von $H_{P_{res}}^k$. Als Kontrolle für richtiges Konstruieren muß die endgültige, voll ausgezogene Einflußlinie von H_B^k eine symmetrisch zur Trägermitte verlaufende Kurve ergeben.

Bringt man nun die Verkehrslasten in den jeweils ungünstigsten Stellungen auf die vorstehend erläuterten Einflußlinien, so erhält man aus denselben in bekannter Weise die Grenzwerte der inneren Kräfte infolge dieser Belastung; diese Grenzwerte sind genau dieselben wie diejenigen, welche man mit Hilfe der allgemeinen Elastizitätsgleichungen erhalten würde.

Es sei noch darauf hingewiesen, daß sowohl die Ordinaten der Einflußlinien aus Rechnungsabschnitt I, als auch die vorhin ermittelten Zusätze zu denselben, leicht mathematisch genau aus den in den graphischen Konstruktionen enthaltenen Dreiecken berechnet werden können.